Adobe
Dreamweaver CC
网页设计与制作

主　编　魏　军

副主编　熊　辉　迟晓曼　袁宏选

北京希望电子出版社
Beijing Hope Electronic Press
www.bhp.com.cn

内容简介

本书以案例制作的讲解为主，以理论知识的阐述为辅，对 Dreamweaver CC 2019 软件进行了全面介绍。全书共 11 章，分别讲解了网页设计轻松入门、编辑网页的构成元素、网页中超链接的创建、利用表格布局网页、HTML 基础知识、利用 CSS 美化网页、利用 Div+CSS 布局网页、利用 canvas 绘制图形、利用表单创建动态网页、网页行为的应用、网页模板和库的应用等内容。每章最后都安排了两个有针对性的拓展案例，以供练习使用。

本书结构合理，图文并茂，易教易学，适合作为网页设计与制作相关课程的教材，也可作为广大网页设计爱好者和各类技术人员的参考用书。

图书在版编目（ＣＩＰ）数据

Adobe Dreamweaver CC 网页设计与制作 / 魏军主编. -- 北京：北京希望电子出版社，2021.2

ISBN 978-7-83002-813-8

Ⅰ．①A… Ⅱ．①魏… Ⅲ．①网页制作工具－教材Ⅳ．① TP393.092.2

中国版本图书馆 CIP 数据核字(2021)第 027229 号

出版：北京希望电子出版社	封面：库倍科技
地址：北京市海淀区中关村大街 22 号	编辑：周卓琳
中科大厦 A 座 10 层	校对：付寒冰
邮编：100190	开本：787mm×1092mm　1/16
网址：www.bhp.com.cn	印张：17.25
电话：010-82620818（总机）转发行部	字数：409 千字
010-82626237（邮购）	印刷：北京昌联印刷有限公司
传真：010-62543892	版次：2021 年 6 月 1 版 2 次印刷
经销：各地新华书店	

定价：59.80 元

前 言
PREFACE

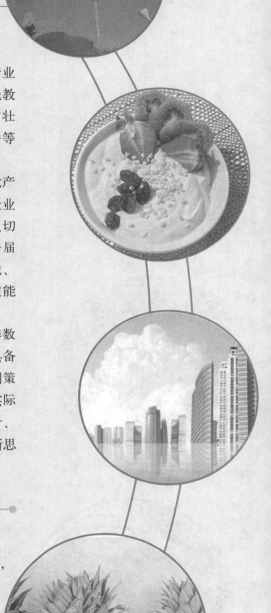

　　"十三五"期间，数字创意产业作为国家战略性新兴产业蓬勃发展，设计、影视与传媒、数字出版、动漫游戏、在线教育等数字创意领域日新月异。"十四五"规划进一步提出"壮大数字创意、网络视听、数字出版、数字娱乐、线上演播等产业"。

　　计算机、互联网、移动网络技术的迭代更新为数字创意产业提供了硬件和软件基础，而Adobe、Corel、Autodesk等企业提供了先进的软件和服务支撑。数字创意产业的飞速发展迫切需要大量熟练掌握相关技术的从业者。2020年，中国第一届职业技能大赛将平面设计、网站设计与开发、3D数字游戏、CAD机械设计等技术列入竞赛项目，这一举措引领了高技能人才的培养方向。

　　职业院校是培养数字创意技能人才的主力军。为了培养数字创意产业发展所需的高素质技能人才，我们组织了一批具备较强教科研能力的院校教师和富有实战经验的设计师，共同策划编写了本书。本书注重数字技术与美学艺术的结合，以实际工作项目为脉络，旨在使读者能够掌握视觉设计、创意设计、数字媒体应用开发、内容编辑等方面的技能，成为具备创新思维和专业技能的复合型人才。

写 / 作 / 特 / 色

　　1. 项目实训，培养技能人才

　　对接职业标准和工作过程，以实际工作项目组织编写，注重专业技能与美学艺术的结合，重点培养学生的创新思维和专业技能。

　　2. 内容全面，注重学习规律

　　将数字创意软件的常用功能融入实际案例，便于知识点的理解与吸收；采用"案例精讲→边用边学→经验之谈→上手实操"编写模式，符合轻松易学的学习规律。

3．编写专业，团队能力精湛

选择具备先进教育理念和专业影响力的院校教师、企业专家参与教材的编写工作，充分吸收行业发展中的新知识、新技术和新方法。

4．融媒体教学，随时随地学习

教材知识、案例视频、教学课件、配套素材等教学资源相互结合，互为补充；二维码轻松扫描，随时随地观看视频，实现泛在学习。

课 / 时 / 安 / 排

全书共11章，建议总课时为68课时，具体安排如下：

章 节	内 容	理论教学	上机实训
第 1 章	网页设计轻松入门	2 课时	2 课时
第 2 章	编辑网页的构成元素	4 课时	4 课时
第 3 章	网页中超链接的创建	2 课时	2 课时
第 4 章	利用表格布局网页	4 课时	4 课时
第 5 章	HTML 基础知识	4 课时	4 课时
第 6 章	利用 CSS 美化网页	4 课时	4 课时
第 7 章	利用 Div+CSS 布局网页	2 课时	2 课时
第 8 章	利用 canvas 绘制图形	4 课时	4 课时
第 9 章	利用表单创建动态网页	4 课时	4 课时
第 10 章	网页行为的应用	2 课时	2 课时
第 11 章	网页模板和库的应用	2 课时	2 课时

本书结构合理，讲解细致，特色鲜明，侧重于综合职业能力与职业素质的培养，融"教、学、做"于一体，适合应用型本科院校、职业院校、培训机构作为教材使用。为方便教学，我们还为用书教师提供了与书中内容同步的教学资源包（包括课件、素材、视频等）。

本书由魏军担任主编，熊辉、迟晓曼和袁宏选担任副主编。这些老师在长期的工作中积累了大量的经验，在写作的过程中始终坚持严谨细致的原则，力求精益求精。由于水平有限，书中疏漏之处在所难免，希望读者朋友批评指正。

编 者

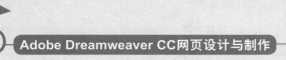

第1章　网页设计轻松入门

案例精讲 创建我的第一个站点　2
案/例/描/述　2
案/例/详/解　2

边用边学　6

1.1　网页与网站　6
　　1.1.1　认识网页　6
　　1.1.2　认识网站　8
1.2　网页设计理念　9
　　1.2.1　网页配色艺术　9
　　1.2.2　网页布局艺术　15
1.3　初识Dreamweaver设计工具　18
1.4　文档的基本操作　20
　　1.4.1　创建空白文档网页　20
　　1.4.2　设置页面属性　21
1.5　站点的创建　23
1.6　站点的管理　25
1.7　站点的上传　29

经验之谈 测试站点　32

上手实操　33

实操一：网站赏析　33
实操二：上传站点　33

第2章　编辑网页的构成元素

案例精讲 制作图文混排网页　35
案/例/描/述　35
案/例/详/解　35

边用边学　38

2.1　创建文本内容　38
　　2.1.1　输入文本　38
　　2.1.2　设置文本属性　39

　　　　2.1.3　添加字体 ······················40

2.2　插入其他元素 ······················41
　　　　2.2.1　插入特殊字符 ················41
　　　　2.2.2　插入水平线 ··················41

2.3　创建项目列表和编号列表 ········42
　　　　2.3.1　项目列表 ····················42
　　　　2.3.2　编号列表 ····················42
　　　　2.3.3　设置列表属性 ················43

2.4　插入图像 ··························43
　　　　2.4.1　网页中常用的图像格式 ······43
　　　　2.4.2　插入图像 ····················44
　　　　2.4.3　设置图像属性 ················44
　　　　2.4.4　插入鼠标经过图像 ············45

2.5　编辑图像 ··························46
　　　　2.5.1　裁剪图像 ····················46
　　　　2.5.2　重新取样图像 ················47
　　　　2.5.3　调整图像亮度和对比度 ········48
　　　　2.5.4　锐化图像 ····················49

2.6　插入多媒体 ························49
　　　　2.6.1　插入SWF动画 ················49
　　　　2.6.2　插入FLV视频 ················50
　　　　2.6.3　插入背景音乐 ················52

经验之谈　"页面属性"的作用　　　　　53

上手实操　　　　　　　　　　　　　　57

实操一：制作按钮变化效果 ················57
实操二：制作鸟类繁育网站 ················57

第3章　网页中超链接的创建

案例精讲　制作银杏农场网页　　　　　59

案 / 例 / 描 / 述 ··························59
案 / 例 / 详 / 解 ··························59

边用边学　　　　　　　　　　　　　　62

3.1　超级链接的概念 ····················62
　　　　3.1.1　相对路径 ····················62
　　　　3.1.2　绝对路径 ····················62
　　　　3.1.3　外部链接和内部链接 ··········62

3.2　管理网页超级链接 ··················63
　　　　3.2.1　自动更新链接 ················63
　　　　3.2.2　在站点范围内更改链接 ········64
　　　　3.2.3　检查站点中的链接错误 ········65

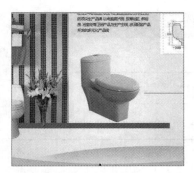

3.3 在图像中应用链接 ·· 66

3.3.1 图像链接 ·· 66

3.3.2 图像热点链接 ·· 67

3.3.3 创建图像热点链接 ·· 67

经验之谈 以新窗口打开超链接   69

上手实操   71

实操一：制作风景介绍网页 ·· 71

实操二：创建下载链接 ·· 71

第4章 利用表格布局网页

案例精讲 制作公司网站页面   73

案/例/描/述 ·· 73

案/例/详/解 ·· 73

边用边学   85

4.1 插入表格 ·· 85

4.1.1 与表格有关的术语 ·· 85

4.1.2 插入表格 ·· 85

4.1.3 表格的基本代码 ·· 86

4.2 表格属性 ·· 87

4.2.1 设置表格属性 ·· 87

4.2.2 设置单元格属性 ·· 87

4.2.3 改变背景颜色 ·· 88

4.2.4 表格的属性代码 ·· 89

4.3 选择表格 ·· 90

4.3.1 选择整个表格 ·· 90

4.3.2 选择一个单元格 ·· 92

4.4 编辑表格 ·· 93

4.4.1 复制和粘贴表格 ·· 93

4.4.2 添加行或列 ·· 95

4.4.3 删除行或列 ·· 96

经验之谈 合并单元格   97

上手实操   99

实操一：设置表格背景 ·· 99

实操二：制作网站首页 ·· 99

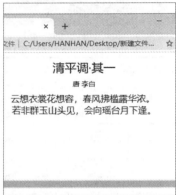

第5章　HTML基础知识

案例精讲 制作网页结构 ······ 101

案 / 例 / 描 / 述 ··· 101
案 / 例 / 详 / 解 ··· 101

边用边学 ······ 103

5.1　认识HTML ·· 103
5.2　HTML5的优势 ·· 103
　　5.2.1　强大的交互性 ································· 103
　　5.2.2　使用HTML5的优势 ························ 104
5.3　HTML5语法 ··· 106
　　5.3.1　文档类型声明 ································· 106
　　5.3.2　字符编码 ······································· 106
　　5.3.3　省略引号 ······································· 107
5.4　HTML5的元素分类 ···································· 107
　　5.4.1　结构性元素 ···································· 107
　　5.4.2　级块性元素 ···································· 107
　　5.4.3　行内语义性元素 ··························· 108
　　5.4.4　交互性元素 ···································· 108
5.5　HTML5中新增的元素 ································ 108
　　5.5.1　section元素 ··································· 108
　　5.5.2　article元素 ··································· 110
　　5.5.3　aside元素 ······································ 110
　　5.5.4　header元素 ··································· 111
　　5.5.5　fhgroup元素 ································· 111
　　5.5.6　footer元素 ···································· 111
　　5.5.7　nav元素 ······································· 112
　　5.5.8　figure元素 ··································· 112
　　5.5.9　video元素 ···································· 112
　　5.5.10　audio元素 ································· 113
　　5.5.11　embed元素 ································ 113
　　5.5.12　mark元素 ·································· 113
　　5.5.13　progress元素 ···························· 114
　　5.5.14　meter元素 ································· 114
　　5.5.15　time元素 ··································· 114
　　5.5.16　wbr元素 ···································· 114
　　5.5.17　canvas元素 ······························ 115
　　5.5.18　command元素 ·························· 115
　　5.5.19　datalist元素 ····························· 115
　　5.5.20　details元素 ······························ 115
　　5.5.21　datagrid元素 ···························· 116
　　5.5.22　keygen元素 ······························ 116
　　5.5.23　output元素 ······························· 116
　　5.5.24　source元素 ······························· 116

5.5.25 menu元素 ·· 116

经验之谈 使用记事本制作HTML文件 117

上手实操 119

实操一：使用HTML制作列表 ··························· 119

实操二：使用Dreamweaver软件生成HTML代码 ····· 120

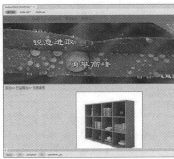

第6章 利用CSS美化网页

案例精讲 美化家居网页 122

案 / 例 / 描 / 述 ·· 122

案 / 例 / 详 / 解 ·· 122

边用边学 128

6.1 了解CSS ·· 128

  6.1.1 CSS的定义 ································· 128

  6.1.2 CSS的设置 ································· 131

6.2 使用CSS ·· 137

  6.2.1 外联样式表 ································· 137

  6.2.2 内嵌样式表 ································· 139

6.3 常用网页样式 ·· 140

  6.3.1 字体样式 ································· 140

  6.3.2 段落样式 ································· 142

  6.3.3 边框样式 ································· 144

  6.3.4 外轮廓 ···································· 148

  6.3.5 列表相关属性 ···························· 150

经验之谈 使用CSS缩写 152

上手实操 153

实操一：排版网页 ·· 153

实操二：替换网页背景 ·································· 153

第7章 利用Div+CSS布局网页

案例精讲 制作美味西餐厅网页 155

案 / 例 / 描 / 述 ·· 155

案 / 例 / 详 / 解 ·· 155

边用边学 163

7.1 CSS与Div布局基础 ································· 163

  7.1.1 什么是Web标准 ························ 163

  7.1.2 Div概述 ································· 163

7.1.3 创建Div ··· 164

7.2 CSS布局方法 ·· 165

7.2.1 盒模型 ··· 166

7.2.2 使用Div布局 ·· 167

经验之谈 制作首字下沉效果 **172**

上手实操 **174**

实操一：制作个人主页 ·· 174

实操二：制作公司网站 ·· 174

第8章 利用canvas绘制图形

案例精讲 使用canvas绘制简单图形 **176**

案 / 例 / 描 / 述 ··· 176

案 / 例 / 详 / 解 ··· 176

边用边学 **180**

8.1 canvas入门 ·· 180

8.1.1 canvas含义 ··· 180

8.1.2 canvas坐标 ··· 180

8.2 使用canvas ·· 181

8.2.1 在页面中加入canvas ·· 181

8.2.2 绘制矩形和五角形 ·· 183

8.2.3 检测浏览器是否支持 ·· 186

8.3 绘制曲线路径 ·· 187

8.3.1 绘制路径的方法 ·· 187

8.3.2 描边的样式使用 ·· 189

8.3.3 填充和曲线的绘制方法 ······································ 190

8.4 绘制图像 ·· 192

8.4.1 使用canvas插入图片 ·· 192

8.4.2 渐变颜色的使用 ·· 194

8.4.3 变形图形的设置方法 ·· 196

8.4.4 组合图形的绘制方法 ·· 197

8.4.5 使用canvas绘制文字 ·· 198

经验之谈 清除绘图 **200**

上手实操 **202**

实操一：绘制矩形旋转对象 ·· 202

实操二：制作镂空文字 ·· 202

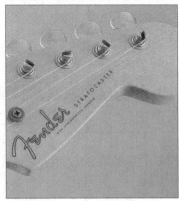

第9章 利用表单创建动态网页

案例精讲 制作社区人员信息采集表　205

案 / 例 / 描 / 述 ⋯⋯⋯⋯⋯⋯⋯⋯⋯⋯⋯⋯⋯⋯⋯ 205

案 / 例 / 详 / 解 ⋯⋯⋯⋯⋯⋯⋯⋯⋯⋯⋯⋯⋯⋯⋯ 205

边用边学　214

9.1　使用表单 ⋯⋯⋯⋯⋯⋯⋯⋯⋯⋯⋯⋯⋯⋯ 214

　　9.1.1　认识表单 ⋯⋯⋯⋯⋯⋯⋯⋯⋯⋯⋯ 214

　　9.1.2　常见表单 ⋯⋯⋯⋯⋯⋯⋯⋯⋯⋯⋯ 214

9.2　基本表单元素 ⋯⋯⋯⋯⋯⋯⋯⋯⋯⋯⋯ 215

　　9.2.1　文本 ⋯⋯⋯⋯⋯⋯⋯⋯⋯⋯⋯⋯⋯ 215

　　9.2.2　文本区域 ⋯⋯⋯⋯⋯⋯⋯⋯⋯⋯⋯ 216

　　9.2.3　密码 ⋯⋯⋯⋯⋯⋯⋯⋯⋯⋯⋯⋯⋯ 216

　　9.2.4　单选按钮和单选按钮组 ⋯⋯⋯⋯⋯ 217

　　9.2.5　复选框和复选框组 ⋯⋯⋯⋯⋯⋯⋯ 217

　　9.2.6　选择 ⋯⋯⋯⋯⋯⋯⋯⋯⋯⋯⋯⋯⋯ 218

　　9.2.7　"提交"按钮和"重置"按钮 ⋯⋯⋯ 218

经验之谈 自动完成输入属性　219

上手实操　221

实操一：制作注册页面 ⋯⋯⋯⋯⋯⋯⋯⋯⋯⋯ 221

实操二：制作登录界面 ⋯⋯⋯⋯⋯⋯⋯⋯⋯⋯ 221

第10章 网页行为的应用

案例精讲 优化花卉市场网页　223

案 / 例 / 描 / 述 ⋯⋯⋯⋯⋯⋯⋯⋯⋯⋯⋯⋯⋯⋯⋯ 223

案 / 例 / 详 / 解 ⋯⋯⋯⋯⋯⋯⋯⋯⋯⋯⋯⋯⋯⋯⋯ 223

边用边学　226

10.1　什么是行为 ⋯⋯⋯⋯⋯⋯⋯⋯⋯⋯⋯ 226

　　10.1.1　行为 ⋯⋯⋯⋯⋯⋯⋯⋯⋯⋯⋯⋯ 226

　　10.1.2　事件 ⋯⋯⋯⋯⋯⋯⋯⋯⋯⋯⋯⋯ 227

　　10.1.3　常见事件的使用 ⋯⋯⋯⋯⋯⋯⋯ 227

10.2　利用行为调节浏览器窗口 ⋯⋯⋯⋯ 230

　　10.2.1　打开浏览器窗口 ⋯⋯⋯⋯⋯⋯⋯ 230

　　10.2.2　调用脚本 ⋯⋯⋯⋯⋯⋯⋯⋯⋯⋯ 231

　　10.2.3　转到URL ⋯⋯⋯⋯⋯⋯⋯⋯⋯⋯ 232

10.3　利用行为制作图像特效 ⋯⋯⋯⋯⋯ 232

　　10.3.1　交换图像与恢复交换图像 ⋯⋯⋯ 232

　　10.3.2　预先载入图像 ⋯⋯⋯⋯⋯⋯⋯⋯ 234

　　10.3.3　拖动AP元素 ⋯⋯⋯⋯⋯⋯⋯⋯⋯ 234

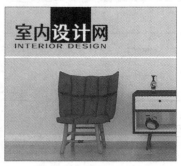

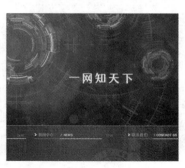

10.4 利用行为显示文本 ·· 235
  10.4.1 弹出信息 ·· 235
  10.4.2 设置状态栏文本 ·· 236
  10.4.3 设置容器的文本 ·· 236
  10.4.4 设置文本域文字 ·· 237
10.5 利用行为控制表单 ·· 237
  10.5.1 "跳转菜单"行为 ·· 237
  10.5.2 "检查表单"行为 ·· 238

经验之谈 "跳转菜单开始"行为 ······································ 239

上手实操 ·· 240

实操一：制作网页弹出信息 ··· 240
实操二：制作交换图像效果 ··· 240

第**11**章 网页模板和库的应用

案例精讲 制作室内设计网页 ·· 242

案/例/描/述 ·· 242
案/例/详/解 ·· 242

边用边学 ·· 250

11.1 创建模板 ··· 250
  11.1.1 创建空模板 ·· 250
  11.1.2 从现有网页创建模板 ·· 251
  11.1.3 创建和取消可编辑区域 ····································· 252
11.2 管理和使用模板 ·· 253
  11.2.1 应用模板 ·· 253
  11.2.2 从模板中分离 ··· 254
  11.2.3 更新模板文件 ··· 255
  11.2.4 创建可选区域 ··· 256
11.3 创建和使用库 ·· 256
  11.3.1 创建库项目 ·· 256
  11.3.2 插入库项目 ·· 257
  11.3.3 编辑和更新库项目 ··· 258

经验之谈 巧用"资源"面板 ·· 259

上手实操 ·· 260

实操一：创建网页模板 ·· 260
实操二：创建库项目 ··· 260

附录 **Adobe Dreamweaver CC常用快捷键汇总**

第1章
网页设计轻松入门

内容概要

　　网站由域名（也就是网站地址）和网站空间构成，一般包括主页和其他具有超链接文件的页面。本章将对网页的基本概念、网页配色方案以及站点的建设等内容进行讲解，通过本章的学习，可以帮助读者整体性地认识网页设计。

知识要点

- 网页的配色方案。
- **Dreamweaver**的基本操作。
- 站点的创建。
- 站点的管理。
- 站点的上传。

数字资源

【本章案例素材来源】："素材文件\第1章"目录下
【本章案例最终文件】："素材文件\第1章\案例精讲"目录下

案例精讲 创建我的第一个站点

案/例/描/述

　　创建一个网站，需要根据用户需求，准备素材文件，再利用Dreamweaver软件进行设计。本案例将通过"新建站点"命令、"站点"选项卡等创建一个站点。

扫码观看视频

案/例/详/解

步骤01 打开Dreamweaver软件，执行"站点"→"新建站点"命令，打开"站点设置对象 我的第一个站点"对话框，设置站点名称，如图1-1所示。

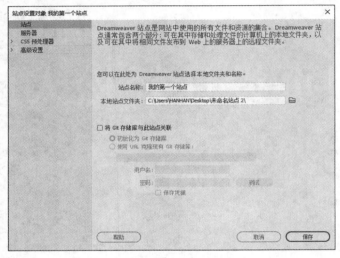

图 1-1

步骤02 设置完站点名称后单击"本地站点文件夹"右侧的"浏览文件夹" 按钮，打开"选择根文件夹"对话框，并选择合适的文件夹，如图1-2所示。完成后单击"选择文件夹"按钮，关闭"选择根文件夹"对话框。

图 1-2

步骤 03 返回"站点设置对象"对话框，单击"保存"按钮即可完成站点的创建，如图1-3所示。

步骤 04 执行"站点"→"管理站点"命令，打开"管理站点"对话框，如图1-4所示。

图 1-3

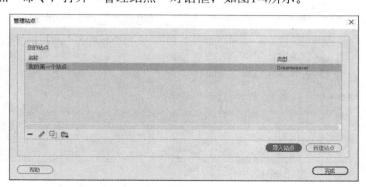

图 1-4

步骤 05 单击"管理站点"对话框中的"编辑当前选定的站点" 按钮，可以打开"站点设置对象 我的第一个站点"对话框对站点设置进行修改，完成后单击"保存"按钮即可，如图1-5所示。

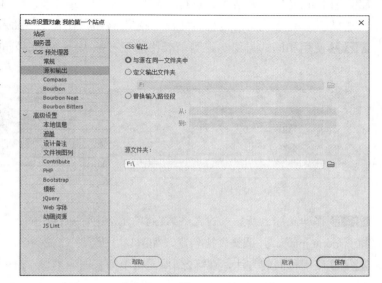

图 1-5

步骤 06 返回"管理站点"对话框，单击"完成"按钮，即可完成修改。选择"文件"面板中的"我的第一个站点"，右击鼠标，在弹出的快捷菜单中选择"新建文件夹"命令，并修改名称为"images"，如图1-6所示。

步骤 07 将图像文件手动复制到当前站点的images目录下，如图1-7所示。

步骤 08 使用相同的方法新建文件，并修改其名称，如图1-8所示。

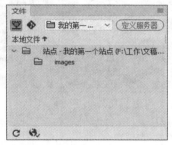

图 1-6

图 1-7

图 1-8

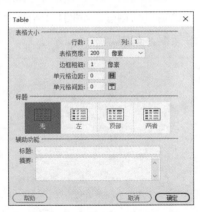

图 1-9

图 1-10

步骤 09 在"文件"面板中双击新建的文件，执行"插入"→"Table"命令，插入一个1行1列的表格，如图1-9所示。

步骤 10 选中插入的表格，在"属性"面板中设置对齐方式为"居中对齐"，并调整其他参数，如图1-10所示。

步骤 11 移动光标至表格中，执行"插入"→"Image"命令，打开"选择图像源文件"对话框并选择图像素材"title.jpg"，单击"确定"按钮，在表格中插入图像，如图1-11所示。

步骤 12 使用相同的方法，在当前表格的下方插入一个1行2列的表格，并设置其参数，效果如图1-12所示。

图 1-11

图 1-12

步骤 13 移动光标至新插入的表格第1列单元格中，执行"插入"→"Image"命令，插入图像素材"menu.jpg"，并调整表格列宽，如图1-13所示。

步骤 14 使用相同的方法，在第2列单元格中插入图像素材"menu2.jpg"，如图1-14所示。

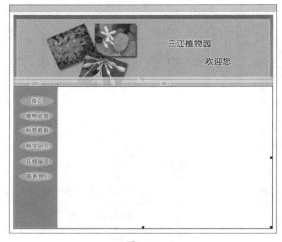

图 1-13

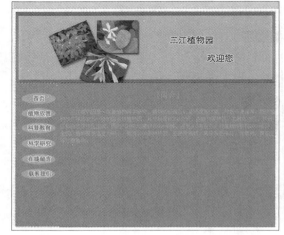

图 1-14

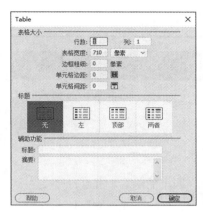

图 1-15

步骤 15 插入新的表格，并进行设置，如图1-15所示。在"属性"面板中设置"居中对齐"。

步骤 16 移动光标至新建的表格中，输入文字，并对单元格属性进行设置，如图1-16所示。

图 1-16

步骤 17 在"属性"面板中单击"页面属性"按钮，打开"页面属性"对话框进行设置，如图1-17所示。完成后单击"应用"按钮和"确定"按钮。

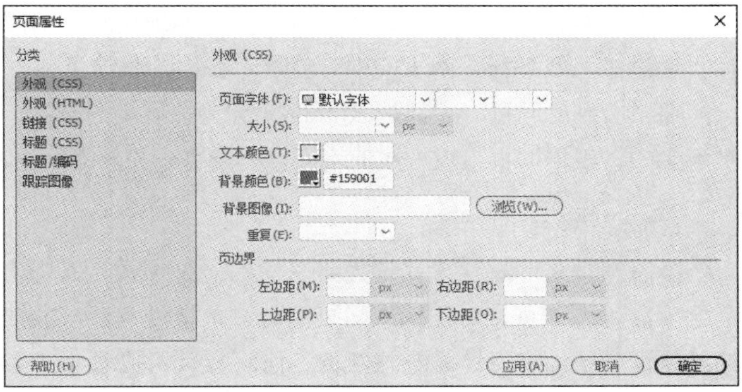

图 1-17

步骤 18 按F12键打开浏览器进行预览，效果如图1-18所示。

图 1-18

到这里，就完成了站点的制作。

边用边学

1.1 网页与网站

通常情况下，网页就是大家通过浏览器访问某个网站时看到的页面。网页是构成网站的基本元素，是承载各种网站应用的平台。

■ 1.1.1 认识网页

网页是构成网站的基本元素，是承载各种网站应用的平台。网页的学名称作HTML文件，是一种可以在万维网上传输、并被浏览器认识和翻译成页面显示出来的文件。它存放在世界某个角落的某一台计算机中，而这台计算机必须是与互联网相连的。网页经由网址（URL）来识别与存取，当你在浏览器中输入网址后，此网址所对应的网页文件会被传送到你的计算机，然后再通过浏览器解释，网页的内容就展示在你的眼前了。

通常看到的网页，大都是以htm或html为扩展名的文件。同时，还有以cgi、asp、php和jsp为扩展名的。根据网页生成方式的不同，大致可分为静态网页和动态网页两种。

1. 静态网页

静态网页是网站建设初期经常采用的一种形式，其内容是预先确定的，并存储在Web服务器之上。静态网页相对于动态网页而言，是指没有后台数据库、不含程序和不可交互的网页。网站建设者把内容设计成静态网页，访问者只能被动地浏览网站提供的网页内容。

静态网页是标准的HTML文件，它的文件扩展名是.htm或.html，它可以包含文本、图像、声音、Flash动画、客户端脚本和ActiveX控件及JAVA小程序等。尽管在这种网页上使用这些对象后可以使网页动感十足，但是，这种网页不包含服务器端运行的任何脚本，网页上的每一行代码都是由网页设计人员预先编写好后，放置到Web服务器上的，在发送到客户端的浏览器后不再发生任何变化，因此称为静态网页，如图1-19所示。

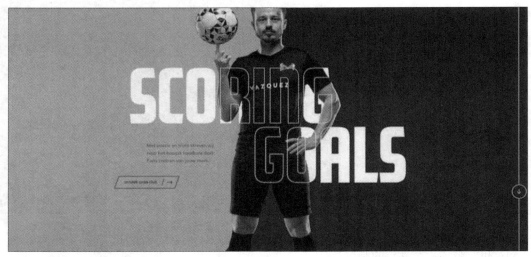

图 1-19

静态网页的特点如下：

● 静态网页内容相对稳定，不会发生变化，除非网页设计者修改了网页的内容，因此容易被搜索引擎检索。

● 静态网页交互性比较差，不能实现和浏览者之间的交互。信息流向是单向的，即从服务器到浏览器，服务器不能根据用户的选择调整返回给用户的内容，在功能方面有较大的限制。

● 静态网页每个网页都有一个固定的URL，且网页URL以.htm、.html、.shtml等常见形式为后缀，而不含有"？"。

2. 动态网页

动态网页与网页上的各种动画、滚动字幕等视觉上的"动态效果"没有直接关系，动态网页也可以是纯文字内容的，也可以是包含各种动画的内容，这些只是网页具体内容的表现形式。无论网页是否具有动态效果，采用动态网站技术生成的网页都称为动态网页，如图1-20所示。

图 1-20

动态网页是指根据用户提出的要求，并根据存储在网站服务器上的数据库中的数据而创建的页面。与静态网页相对应，网页URL的扩展名不是htm、html、shtml、xml等常见形式，而是以aspx、asp、jsp、php、perl、cgi等形式为扩展名，并且在动态网页网址中有一个标志性的符号——"？"。

动态网页其实就是建立在B/S架构上的服务器端脚本程序。在浏览器端显示的网页是服务器端程序运行的结果。

动态网页的特点如下：

● 动态网页以数据库技术为基础，可以大大降低网站维护的工作量。

● 采用动态网页技术的网站可以实现更多的功能，如用户注册、用户登录、搜索查询、用户管理、订单管理等。

- 动态网页并不是独立存在于服务器上的网页文件，只有用户请求时服务器才返回一个完整的网页。
- 搜索引擎一般不可能从一个网站的数据库中访问全部网页，因此采用动态网页的网站在进行搜索引擎推广时需要做一定的技术处理才能适应搜索引擎的要求。

　　静态网页和动态网页各有特点，网站采用动态网页还是静态网页主要取决于网站的功能需求和网站内容的多少，如果网站功能比较简单，内容更新量不是很大，采用纯静态网页的方式会更简单，反之需采用动态网页技术来实现。静态网页是网站建设的基础，静态网页和动态网页之间并不矛盾，为了让网站适应搜索引擎检索的需要，即使采用动态网站技术，也可以将网页内容转化为静态网页发布。

❗ 提示：认识html文件
网页又称作HTML文件，是一种可以在万维（World Wide Web）网上传输，并被浏览器认识和翻译成页面并显示出来的文件。其中HTML的意思是Hypertext Markup Language，即"超文本标记语言"。"超文本"就是指页面内可以包含图片、链接，甚至音乐、程序等非文字的元素。网页就是由HTML语言编写出来的。文字与图片是构成一个网页的两个最基本的元素，此外，还包括动画、音乐、程序等。

■ 1.1.2　认识网站

　　网站是指在因特网上，根据一定的规则，使用HTML等工具制作用于展示特定内容的相关网页的集合。简单地说，网站就像布告栏一样，人们可以通过网站来发布想要公开的资讯信息，或者利用网站来提供相关的网络服务。人们可以通过网页浏览器来访问网站，获取需要的资讯信息或者享受网络服务。网站就是由网页组成的，只有域名和虚拟主机而没有制作任何网页的话，是无法访问网站的。

　　根据不同的标准形式可将网站分为不同的种类。

- 根据网站的功能可以分为单一网站（企业网站）、多功能网站（网络商城）等。
- 根据网站所用编程语言可以分为asp网站、php网站、jsp网站、asp.Net网站等。
- 根据网站的用途可以分为门户网站（综合网站）、行业网站、娱乐网站、职能网站等。
- 根据网站的持有者可以分为个人网站、商业网站、政府网站、教育网站等。
- 根据网站的商业目的可以分为：营利型网站（行业网站、论坛）、非营利性型网站（企业网站、政府网站、教育网站）等。
- 网站搜索（比如百度）等。

　　网站是计算机网络上的一个站点，而网页就是站点中所包含的内容，网页可以是站点的一部分，也可以独立存在。当用户通过IP地址或域名登录一个站点时，展示在用户面前的是该网站的主页。

　　网站是由多个网页组成的，但不是网页的简单罗列组合，而是用超链接方式组成的既有鲜明风格又有完善内容的有机整体。要想制作出一个好的网站，必须了解网站建设的一些基本知识。

1.2 网页设计理念

网站的成功与否，很重要的一个因素在于它的构思及设计理念，好的创意及丰富的内容才能够让网页焕发出勃勃生机。

■ 1.2.1 网页配色艺术

色彩对网站的设计来说非常重要，从一个网站的色彩设计中就可以看出网站的风格。色彩的魅力是无限的，可以让本身平淡无味的东西瞬间变得漂亮起来。作为最具说服力的视觉语言，色彩在人们的生活中起着非常重要的作用。

1. 色彩的基本概念

自然界的颜色可以分为非彩色和彩色两大类。非彩色指黑色、白色和各种深浅不一的灰色，而其他颜色均属于彩色。任何一种彩色都具有三个属性。

- **色相（Hue）**：也叫色泽，是颜色的基本特征，反映颜色的基本面貌，是一种色彩区别于另一种色彩的最主要特征。
- **饱和度（Saturation）**：也叫纯度，指颜色的纯洁程度。饱和度高的色彩纯、鲜亮，饱和度低的色彩暗淡、含灰色。
- **明度（Brightness或Lightness或Luminousity）**：也叫亮度，体现颜色的明暗程度，明度越大，色彩越亮。

非彩色只有明度特征，没有色相和饱和度的区别。

计算机屏幕的色彩是由RGB（红、绿、蓝）三种色光合成的，通过调整这三个基本色可以调校出其他的颜色，在许多图像处理软件里，都有提供色彩调配功能，如图1-21所示。

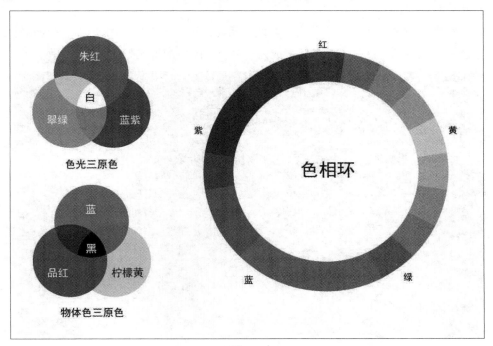

图 1-21

2. 色彩搭配

网页的色彩是树立网站形象的关键要素之一，色彩搭配既是一项技术性工作，也是一项艺术性很强的工作。在设计网页时，除了要考虑网站本身的特点外，还要遵循一定的艺术规律，才能设计出色彩鲜明、性格独特的网站。网页色彩的搭配需要遵循一些原理，这些原理包括色彩的鲜明性、独特性、艺术性，以及色彩搭配的合理性。充分运用色彩搭配的原理，可以使网页具有更深的艺术内涵，并能提升网页的文化品位。

（1）近似色搭配。

近似色是指色环中两个或三个相邻的颜色，例如橙黄色—黄色，红色—橙色为近似色。近似色的搭配给人的视觉效果是比较舒服、自然，画面统一和谐，如图1-22所示。

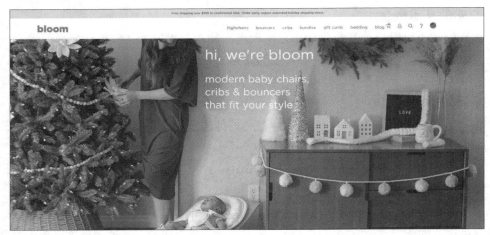

图 1-22

（2）互补色搭配。

互补色是指在色环中相对的两种色彩，该色系为极端对比类型，例如红—绿为互补色。其效果让人感觉对比强烈、炫目，有时候会成为一种很好的搭配形式，如图1-23所示。

图 1-23

（3）非彩色搭配。

非彩色组合搭配在实用方面很有价值，例如黑-白，黑-灰的搭配，其效果庄重、大方，且富有现代感，同如图1-24所示。

图 1-24

（4）非彩色与彩色搭配。

非彩色和彩色搭配对比效果既大方又活泼，例如黑—红，灰—紫的搭配。灰色是万能色，可以和任何色彩搭配，也可以帮助两种对立的色彩和谐过渡，如图1-25所示。

图 1-25

3. 色彩的心理感觉

一个配色合理且独具风格的网站会给浏览者留下深刻的印象。色彩能让人们通过视觉产生联想从而引起心理反应，不同的色彩会给浏览者不同的心理感受。

（1）红色。

红色是一种令人激奋的色彩，代表热情、活力、吉祥，是能量充沛的色彩，容易引起人们的注意，但有时也会给人血腥、暴力的感觉，容易造成心理压力和视觉疲劳，如图1-26所示。

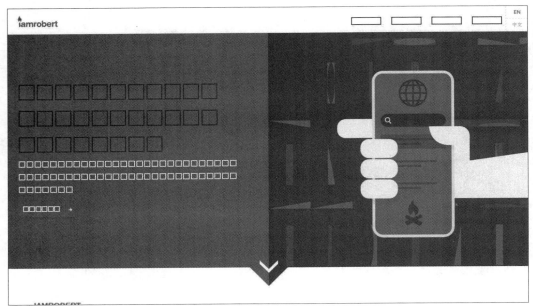

图 1-26

（2）黄色。

黄色是明度极高的颜色，具有欢乐、轻快的个性，代表明朗、愉快、希望、信心、高贵，是色彩中最为娇气的一种颜色。淡黄色代表天真、烂漫、娇嫩，如图1-27所示。

图 1-27

（3）蓝色。

蓝色是知性、灵性兼具的色彩。天空蓝代表希望、理想；暗沉的蓝意味着城市、公正、权威；宝石蓝代表坚定与理智。蓝色在网页设计上是应用比较广泛的颜色，如图1-28所示。

图 1-28

（4）绿色。

绿色给人无限的安全感，象征着自由、和平、新鲜、舒适。代表充满希望、安逸和青春，显得宁静、和睦和健康。绿色具有黄色和蓝色两种成分的颜色，在绿色中，将黄色的扩张感和蓝色的收缩感中和，并将黄色的温暖感和蓝色的寒冷感相抵消。绿色和金黄、白搭配，可产生优雅舒适的气氛，如图1-29所示。

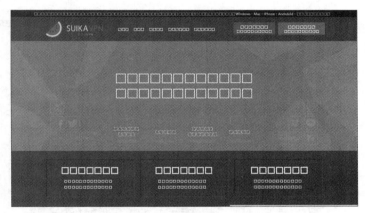

图 1-29

（5）紫色。

紫色的光波最短，在自然界中较少见到，被引申为象征高贵、神秘的色彩。淡紫色代表浪漫、优雅、娇气。深紫色则是魅力十足，狂野中带着一丝浪漫，如图1-30所示。

图 1-30

（6）白色。

白色代表纯洁、纯真、朴素、神圣和明快，给人以洁白、出淤泥而不染的感觉，如图1-31所示。

图 1-31

（7）橙色。

橙色也是一种令人激奋的颜色，具有轻快、热烈、温馨、时尚的效果，如图1-32所示。

图 1-32

（8）黑色。

黑色代表严肃、庄重，象征着权利与威仪，同时又具有沉默、空虚、压抑的感觉，如图1-33所示。

图 1-33

■ 1.2.2 网页布局艺术

确定网页风格后，要对网页的布局进行整体规划，根据不同的组织形式，可以将网页的版式分成很多种，常见的网页布局有国字型、封面型、分割型、分栏型、焦点型、标题正文型。

1. 国字型

国字型是大型网站常用的页面布局，特点是内容丰富、链接多、信息量大。最上面一般是网站的标志、广告以及导航栏；中间是主要内容，左右各有一些栏目，内容主体在中间；最下面是一些网站的基本信息及版权信息。这种结构是国内一批大中型网站常见的布局方式。优点是充分利用版面，信息量大；缺点是页面显得拥挤，不够灵活，如图1-34所示。

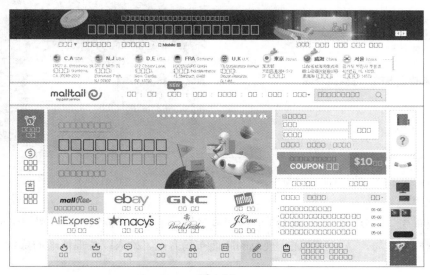

图 1-34

2. 封面型

封面型布局更接近于平面设计艺术，主要应用于网站主页或广告宣传面上，一般为设计精美的图片或动画配上简单的文字链接，如图1-35所示。

图 1-35

3. 分割型

分割型布局是指把页面分成上下或左右两部分，分别安排文字和图片内容。文字和图片的比例相当，形成对比效果。在整个页面中文字部分理性有说服力，图片部分感性而又有表现力。如图1-36所示。

图 1-36

4. 分栏型

分栏型布局一般分为左右（或上下）两栏或多栏，主要以横向两栏、三栏或纵向两栏、三栏居多。分栏型布局，是一种严谨、规范的版面布局方式，给人以条理清晰的感觉，如图1-37所示。

图 1-37

5. 焦点型

焦点型布局是指将文字或图片置于页面的视觉中心，然后安排其他视觉元素引导浏览者的视线向页面中心聚焦或者向外辐射，形成收缩或膨胀的视觉感受，给浏览者带来强烈的视觉效果，如图1-38所示。

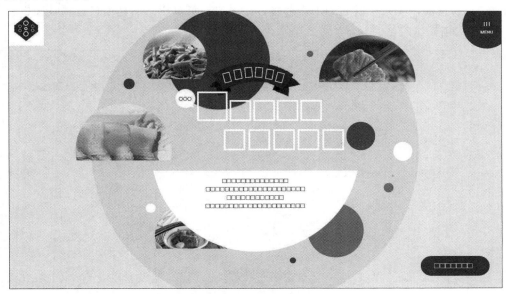

图 1-38

6. 标题正文型

标题正文型的布局结构一般用于显示文章页面、新闻页面和一些注册页面等。布局特点是内容简单，网页上部是标题，下部是网页正文，如图1-39所示。

图 1-39

1.3 初识Dreamweaver设计工具

Dreamweaver是一个所见即所得的网页编辑工具，能使网页和数据库相关联，且支持最新的HTML和CSS，用于对Web站点、Web页和Web应用程序进行设计、编码和开发。在学习Dreamweaver之前，先来了解它的工作环境，主要包括菜单栏、文档窗口、属性面板、面板组，如图1-40所示。

图 1-40

1. 菜单栏

标题栏主要包括"文件""编辑""查看""插入""工具""查找""站点""窗口"和"帮助"菜单项。

- **文件**：用于查看当前文档或对当前文档进行操作。
- **编辑**：包括用于基本编辑操作的标准菜单命令。
- **查看**：可以设置文档的各种视图，还可显示与隐藏不同类型的页面元素和工具栏。
- **插入**：提供了插入栏的扩充选项，用于将合适的对象插入到当前的文档中。
- **工具**：包括用于文档操作的工具。
- **查找**：用于查找文档内容。
- **站点**：用来创建与管理站点。
- **窗口**：用来打开与切换所有的面板和窗口。
- **帮助**：内含Dreamweaver帮助、技术中心和Dreamweaver的版本说明等内容。

2. 文档窗口

文档窗口如图1-40所示，显示当前创建和编辑的网页文档。可以在设计视图、代码视图、拆分视图和实时视图中分别查看文档。

- **设计视图：**一个用于可视化页面布局、可视化编辑和快速应用程序开发的设计环境。
- **代码视图：**一个用于编写和编辑HTML、JavaScript、服务器语言代码的手工编码环境。
- **拆分视图：**可以在一个窗口中同时看到同一文档的代码视图和设计视图。
- **实时视图：**与设计视图类似，实时视图更逼真地显示文档在浏览器中的表示形式。

3. 属性面板

属性面板位于状态栏的下方，用来设置页面上所编辑内容的属性。在菜单栏中执行"窗口"→"属性"命令，或者按快捷键Ctrl+F3的方式打开或关闭属性面板，如图1-41所示。根据当前选定内容的不同，属性面板中所显示的属性也会不同。在大多数情况下，对属性所做的更改会立刻应用到文档窗口中，但是有些属性则需要在属性文本框外单击鼠标左键或按下Enter键才会有效。

图 1-41

4. 面板组

除属性面板外，其他的面板统称为浮动面板，这主要是根据面板的特征命名的。每个面板组都可以展开和折叠，并且可以和其他面板组停靠在一起或取消停靠。这些面板都是浮动于编辑窗口之外。在初次使用Dreamweaver的时候，这些面板根据功能被分成了若干组，如图1-42所示。

图 1-42

若要折叠或展开停放中的所有面板，单击面板右上角的"展开面板"按钮即可。

1.4 文档的基本操作

Dreamweaver为处理各种网页设计和开发文档提供了灵活的环境，除了HTML文档以外，还可以创建和打开各种基于文本的文档。

■ 1.4.1 创建空白文档网页

创建空白文档很简单，具体操作步骤如下：

步骤 01 运行Dreamweaver软件，然后在菜单栏执行"文件"→"新建"命令，打开"新建文档"对话框，如图1-43所示。

步骤 02 在该对话框的"空白页"选项面板下的"页面类型"列表框中选择"HTML"，然后单击"创建"按钮，即可创建一个空白文档，如图1-44所示。

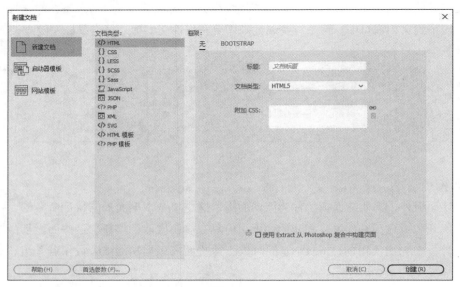

图 1-43

图 1-44

■1.4.2 设置页面属性

网页的页面属性包括网页的"外观""链接""标题""标题/编码"和"跟踪图像"等信息，下面分别介绍这些属性。

在Dreamweaver中创建的每个页面，都可在"页面属性"对话框中指定布局和格式设置属性，包括页面的默认字体和字体大小、背景颜色、边距、链接样式及页面设计等。既可为创建的每个新页面指定新的页面属性，也可修改现有的页面属性。

（1）外观属性。

执行"文件"→"页面属性"命令，在弹出的"页面属性"对话框中设置页面属性，如图1-45所示。

图 1-45

- 在"页面字体"文本框中设置文本字体。
- 在"大小"下拉列表框中选择文本字号。
- 在"文本颜色"文本框中设置文本颜色。
- 在"背景颜色"文本框中设置背景颜色。
- 在"背景图像"文本框设置背景图像。
- 左边距、上边距、右边距、下边距用来指定页面四周边距大小。

（2）链接属性。

在"分类"列表框中选择"链接"选项，如图1-46所示。

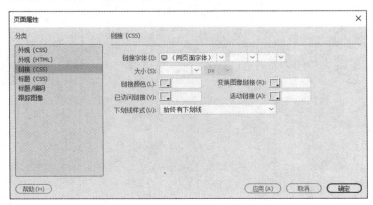

图 1-46

- 在"链接字体"下拉列表框中设置页面超链接文本的字体。
- 在"大小"下拉列表框中设置超链接文本的字体大小。
- 在"链接颜色"文本框中可以设置超链接文本的颜色。
- 在"变换图像链接"文本框中可以设置页面里变换图像后超链接文本的颜色。
- 在"已访问链接"文本框中设置网页中浏览过的超链接文本的颜色。
- 在"活动链接"文本框中设置激活的超链接文本的颜色。
- 在"下划线样式"列表中设置应用于超链接的下划线样式。

（3）标题属性。

在"分类"列表框中选择"标题（CSS）"选项，在"标题（CSS）"区域设置与页面标题有关的属性，如图1-47所示。

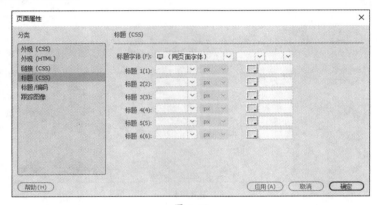

图 1-47

- 在"标题字体"下拉列表框中设置标题字采用的字体。
- 在"标题1"~"标题6"下拉列表框中设置标题字的大小。
- 在"标题1"~"标题6"后面的颜色框中设置标题字的颜色。

（4）标题/编码属性。

在"分类"列表框中选择"标题/编码"选项，在"标题/编码"区域设置与标题/编码有关的属性，如图1-48所示。

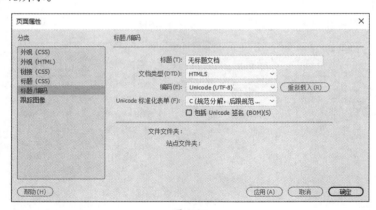

图 1-48

- 在"标题"文本框中可以输入网页标题。
- 在"编码"下拉列表框中可以设置网页的文字编码。

（5）跟踪图像选项。

在"分类"列表框中选择"跟踪图像"选项，可以设置跟踪图像的属性，如图1-49所示。跟踪图像一般在设计网页时作为网页背景，用于引导网页的设计。单击文本框右边的"浏览"按钮，弹出"选择图像源文件"对话框，选择一个图像作为跟踪图像。拖动"透明度"滑块可以指定图像的透明度，透明度越高，图像显示得越不明显。

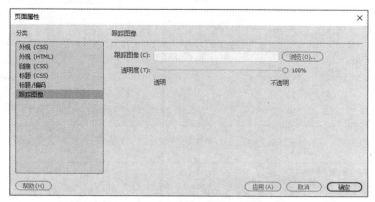

图 1-49

1.5 站点的创建

在制作网页之前，首先应在本地创建一个站点。一个站点实际上就是一个文件夹，用来存放网站的相关页面，例如网站图片文件、网页文件、网页样式文件等。然后通过Dreamweaver再向站点添加新的网页或者其他相关文件。通过站点实现对网站的有效管理，减少各种链接文件的错误。

新手创建站点时切忌盲目，应先对网站进行整体规划。按照网站中存储的文件类型进行规划，将不同类型的文件分别存放在不同的文件夹下。例如，在网站的根目录下创建images文件夹用来存放网站的所有图像文件，创建css文件夹用来存放网站样式文件（*.css）。有时候，网站结构特别复杂，包含的网页特别多，这就需要根据网页主题创建相应的文件夹，把相关主题的网页存放在一起，使得网站的管理更加方便，且不容易出错。

在Dreamweaver中创建站点非常简单，下面讲述如何利用Dreamweaver 创建本地站点，具体操作步骤如下：

步骤 **01** 启动Dreamweaver ，执行"站点"→"新建站点"命令，弹出"站点设置对象 未命名站点3"对话框，如图1-50所示。

步骤 **02** 在"站点设置对象 未命名站点3"对话框中的左边选中"站点"选项卡，在右面"站点名称"文本框中输入站点的名称，如图1-51所示。

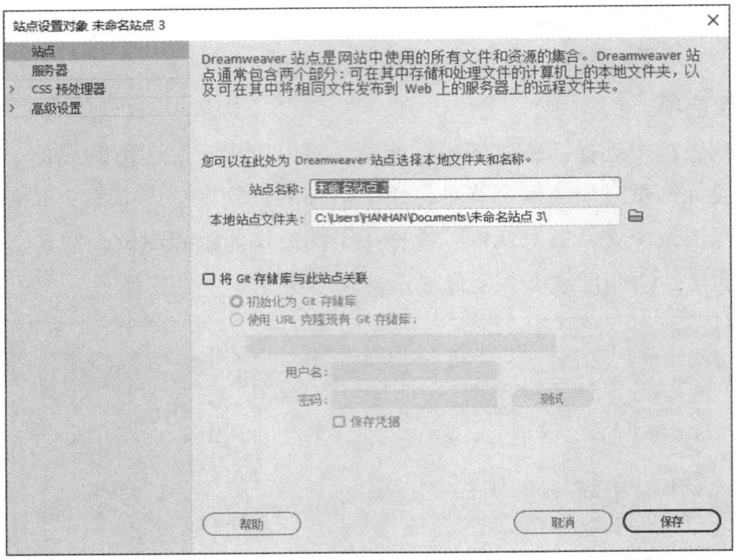

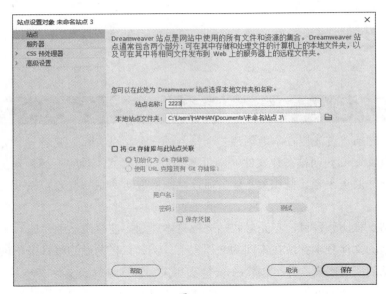

图 1-50

图 1-51

步骤 03 单击"浏览文件夹"按钮，弹出"选择根文件夹"对话框。指定站点存储路径，单击"选择"按钮，将选择的路径作为站点文件存储的根路径，如图1-52所示。

> **❗ 提示：站点的设置**
>
> 打开"站点设置对象"对话框，在"站点"选项卡中仅能完成简单站点的创建，更多的设置需要通过其他选项卡完成。
>
> 打开"站点设置对象"对话框，在对话框的左边选中"高级设置"选项卡，单击"高级设置"前面的三角符号，展开"高级设置"的选项，其中包括"本地信息""遮盖""设计备注""文件视图列""Contribute""模板""jQuery""Web字体"和"Edge Animate资源"9个选项，可根据需要进行相应的设置。

步骤 04 单击"保存"按钮，执行"窗口"→"文件"命令，打开"文件"面板，即可看到已经创建好的本地站点，如图1-53所示。

图 1-52

图 1-53

1.6 站点的管理

在Dreamweaver 中，可以通过"管理站点"对话框实现对站点的编辑、删除以及导出导入等操作。

执行"站点"→"管理站点"命令，打开"管理站点"对话框，如图1-54所示。

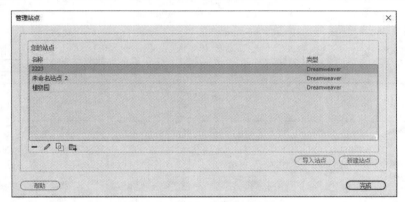

图 1-54

1. 删除站点

在"管理站点"对话框中，单击━按钮可删除没用的站点。该按钮仅是在Dreamweaver 中清除该站点信息，并不会删除站点实际文件。删除站点的操作步骤如下：

步骤 01 在"管理站点"对话框中选中要删除的站点名称。

步骤 02 单击━按钮，会弹出删除确认对话框，如图1-55所示，单击"是"，即可删除当前选中的站点。

图 1-55

2. 编辑站点

在"管理站点"对话框中，单击 ✐ 按钮可重新编辑修改选中的站点。编辑站点的操作步骤如下：

步骤 01 在"管理站点"对话框中选中要编辑的站点名称，单击 ✐ 按钮，打开"站点设置对象 2223"（2223为选中的站点名称）对话框，可以重新设置该站点信息，如图1-56所示。

步骤 02 设置完站点属性后，单击"保存"按钮，对所做的修改进行保存。返回到"管理站点"对话框，单击"完成"按钮。即可完成在Dreamweaver中对该站点文件进行的修改编辑操作，如图1-57所示。

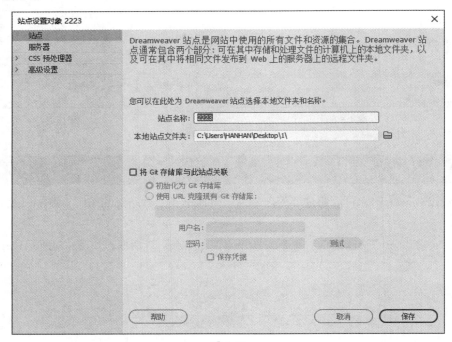

图 1-56

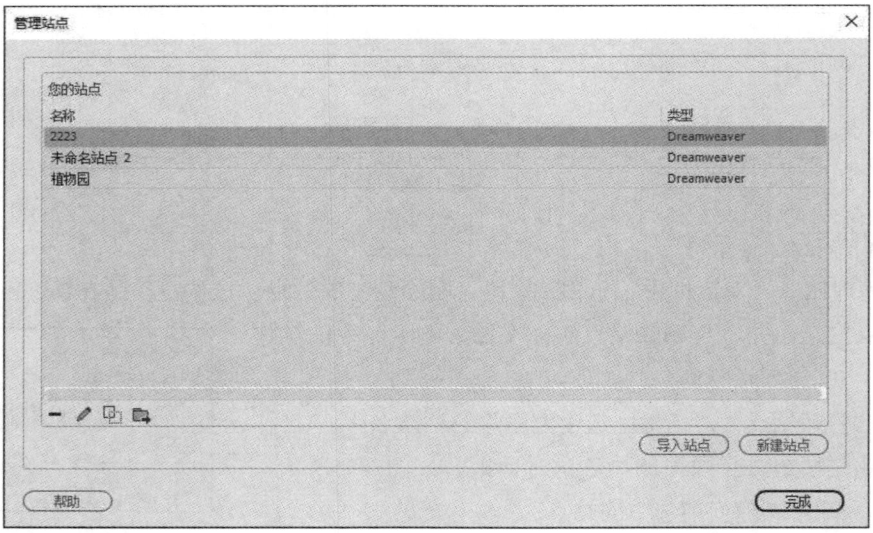

图 1-57

3. 复制站点

在"管理站点"对话框中，单击 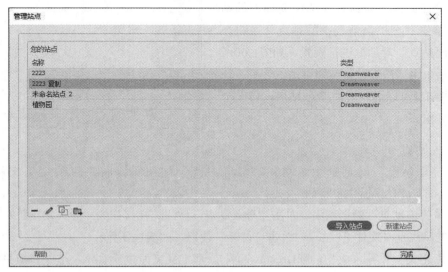 按钮可复制选中的站点，从而创建多个结构相同的站点。复制站点的操作步骤如下：

步骤01 在"管理站点"对话框中选中要复制的站点名称，单击 按钮，复制的站点名称会在源站点名称后附加"复制"字样，同时出现在"管理站点"对话框的列表项中，如图1-58所示。

步骤02 默认情况下，复制的站点存储路径会和源站点路径一致。也可以修改复制站点的存储路径，只需要在"管理站点"对话框中双击该复制站点名称，自动弹出"站点设置对象 2223复制"（2223为站点名称）对话框，在"本地站点文件夹"重新设置存储路径即可，如图1-59所示。

图 1-58

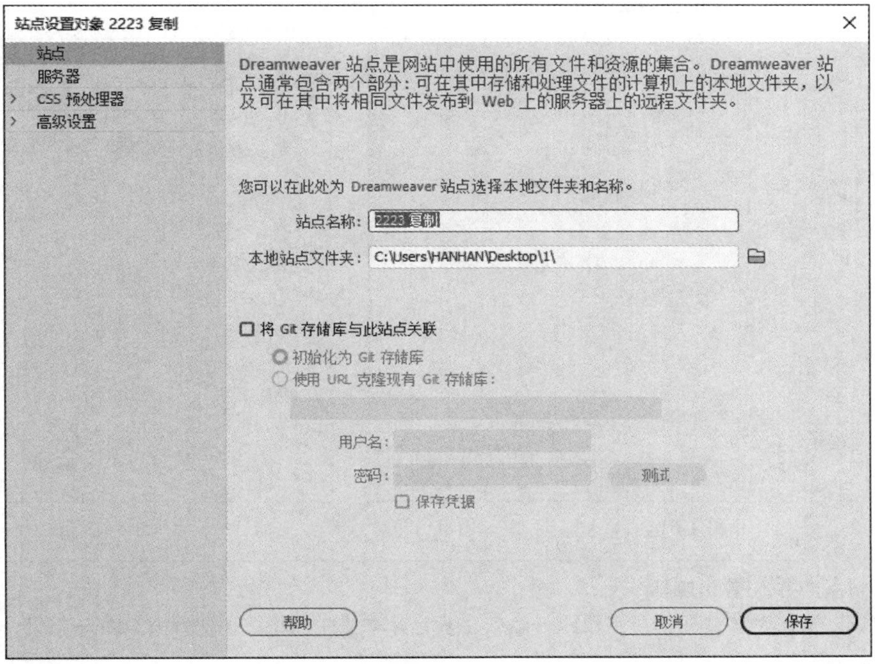

图 1-59

4. 导出站点

在"管理站点"对话框中，单击 按钮可
以将当前站点配置文件（*.ste）导出到指定路
径。导出站点的具体操作如下：

在"管理站点"对话框中选中要导出的站
点名称，单击"导出当前选中的站点"按钮，
打开"导出站点"对话框进行设置，如图1-60所
示。完成后单击"保存"按钮即可。

按住Ctrl键可以同时选中多个站点，将多个
站点同时导出。

图 1-60

5. 导入站点

在"管理站点"对话框中，单击"导入站点"按钮可以将站点的定义文件导入到
Dreamweaver中。具体操作步骤如下：

步骤 01 在"管理站点"对话框中，单击"导入站点"按钮。在打开的"导入站点"对话框中指
定要导入的站点定义文件（*.ste），单击"打开"按钮，如图1-61所示。

步骤 02 站点定义文件导入成功，则Dreamweaver就从定义文件中读取导入站点的相关信息，将
站点名称显示在"管理站点"列表项中，然后单击"完成"按钮，即可在"文件"面板中浏览
到该站点的文件信息，如图1-62所示。

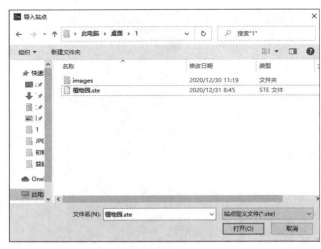

图 1-61

图 1-62

1.7 站点的上传

本地站点一旦创建成功，且测试没有问题，就需要将本地存放的站点文件上传到远程服务器上，由远程服务器对站点进行发布管理并指定URL地址，这样客户端就能通过浏览器真正浏览网站页面。

在Dreamweaver中可以很轻松地完成站点的上传操作。具体操作步骤如下：

步骤 01 启动Dreamweaver，执行"窗口"→"文件"命令，打开"文件"面板，如图1-63所示。

步骤 02 单击"家居网"站点下拉按钮，选择"管理站点"选项，如图1-64所示。

图 1-63

图 1-64

步骤 03 选择"管理站点"选项，将弹出"管理站点"对话框，从中选择要上传的站点，然后单击 按钮，打开"站点设置对象 家居网"对话框，如图1-65所示。

步骤 04 单击左边"服务器"选项卡，切换到"服务器"选项面板。在对话框右侧列表框下单击 按钮，设置上传的站点服务器信息，如图1-66所示。

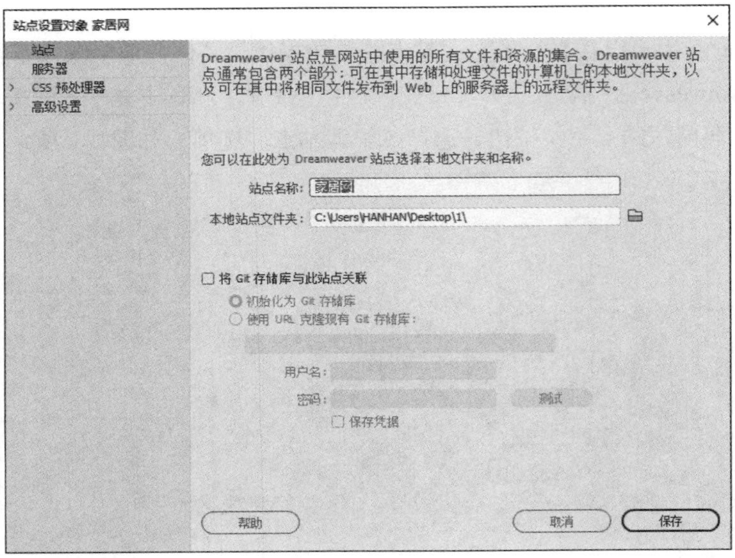

图 1-65

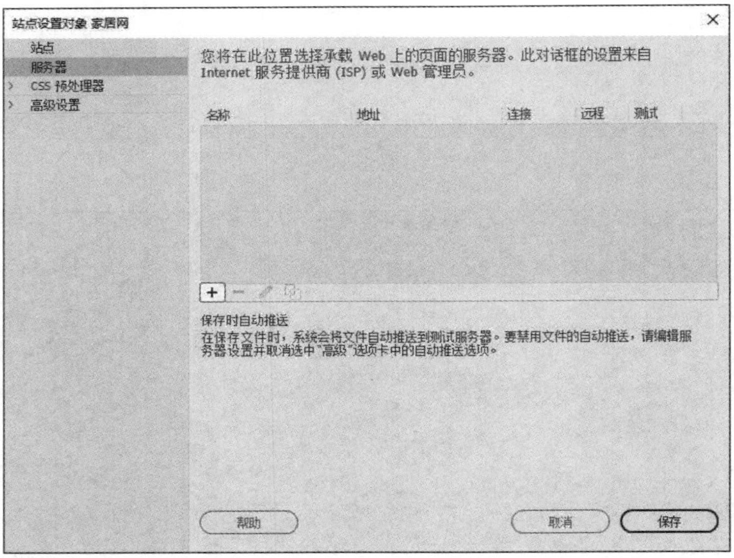

图 1-66

步骤 05 将"连接方法"设为FTP。其中"FTP地址"是指要上传的服务器IP地址；"用户名"和"密码"指申请的账号和密码，如图1-67所示。

步骤 06 完成后单击"保存"按钮添加到服务器。接着依次关闭对话框，最后单击"文件"面板中 按钮，连接远程服务器，如图1-68所示。

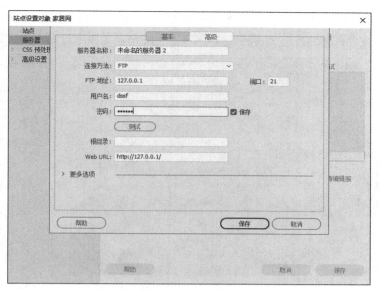

图 1-67

图 1-68

❶ 提示：采用FTP方式上传本地站点

采用FTP方式上传本地站点，需要远程服务器安装相应的FTP服务器软件，例如Server-U软件。在远程服务器端对FTP服务器进行必要的设置后，就可以通过Dreamweaver 实现本地站点的FTP上传。

步骤**07** 连接成功后，在"文件"面板中选择本地文件，单击"上传文件" 按钮，即可上传文件。单击"下载文件" 按钮，即可将远程服务器上的站点文件下载到本地，如图1-69所示。

图 1-69

经验之谈 测试站点

完成了站点中页面的制作后，就可以将其发布到因特网上供大家浏览和观赏了。但是在此之前，应该对所创建的站点进行测试。

- 在测试站点的过程中，应确保在目标浏览器中网页能够如预期地显示和工作，没有无效链接以及下载时间过长等问题。
- 了解各种浏览器对Web页面的支持程度，在不同的浏览器中观看同一个Web页面，会有不同的效果。很多制作的特殊效果，在有些浏览器中可能看不到，为此需要进行浏览器兼容性检测，以找出不被这些浏览器支持的部分。
- 检查链接的正确性。可以通过Dreamweaver提供的检查链接功能来检查文件或站点中的内部链接及孤立文件。

上手实操

实操一：网站赏析

在开始学习网页设计之前，可以先欣赏一些优秀的网页设计作品，提高自身的鉴赏能力，了解各优秀网页的设计优点，分析网页的设计风格、特点，在赏析中逐步提高自己的网页设计能力。

实操二：上传站点

创建完成本地站点后，就可以将本地存放的站点文件上传到远程服务器。图1-70为上传的站点。

图 1-70

设计要领

- 打开文件，管理站点并进行设置。
- 切换至"服务器"选项卡继续进行设置。
- 完成后保存，在"文件"面板中单击"连接到远程服务器" 按钮即可。

第2章
编辑网页的构成元素

内容概要

　　文字、图像、音频、动画、视频等元素构成了因特网上看到的网页，多个网页组合成了网站。通过使用不同的元素，并对其进行排版，可以制作出非常美观又符合用户视觉审美的网页。本章将针对网页中需要用到的元素进行介绍。通过本章的学习，用户可以了解并学会如何使用这些网页元素。

知识要点

- 学会创建文本。
- 了解图像的常见格式。
- 掌握网页中插入图像的方式。
- 熟悉其他多媒体的插入方式。

数字资源

【本章案例素材来源】："素材文件\第2章"目录下
【本章案例最终文件】："素材文件\第2章\案例精讲"目录下

案例精讲 制作图文混排网页

案/例/描/述

　　网页是用户在浏览因特网时看到的最直观的页面，通过合理排列网页中的元素，可以带给浏览者更好的视觉体验。本案例将合理利用网页中的元素制作图文混排的效果。

扫码观看视频

案/例/详/解

步骤01 打开Dreamweaver软件，执行"文件"→"新建"命令，新建网页文档，如图2-1所示。

步骤02 移动鼠标光标至文件窗口，单击并输入文字"近代文学>散文>风景"。

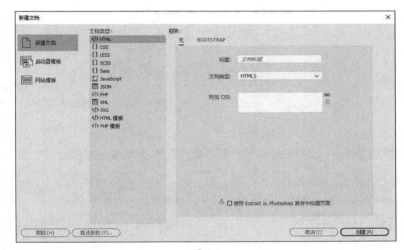

图 2-1

步骤03 选中输入的文字，在"属性"面板中设置字体、字号等参数，如图2-2所示。

图 2-2

步骤04 使用相同的方法，输入其他文字，并进行设置，如图2-3所示。

步骤05 移动鼠标光标至作者名称后，按Enter键换行，执行"插入"→"HTML"→"水平线"命令，插入水平线，如图2-4所示。

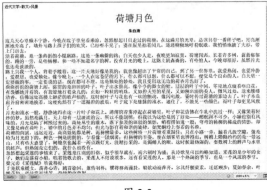

图 2-3

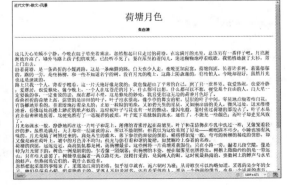

图 2-4

步骤 06 移动鼠标光标至正文第1段之前，执行"插入"→"Image"命令，打开"选择图像源文件"对话框，选择图像素材文件"01.jpg"，如图2-5所示，完成后单击"确定"按钮。

图 2-5

步骤 07 选中文档中的图像，在"属性"面板中调整宽和高，如图2-6所示。

图 2-6

步骤 08 选中插入的图像，选择"拆分"视图，在相应的图像代码中添加align属性：align="left"，即设置图像左对齐，效果如图2-7所示。

步骤 09 使用相同的方法，添加hspace属性：hspace="20"，即设置图像外边框，效果如图2-8所示。

图 2-7

图 2-8

❶ 提示：该过程需要的输入图像的完整代码为：

```
<img src="images/01.jpg" width="400" height="400" align="left" hspace="20" alt=""/>
```

步骤10 使用相同的方法，在文档末端插入图像素材文件"03.jpg"，如图2-9所示。

图 2-9

步骤11 单击"属性"面板中的"页面属性"按钮，打开"页面属性"对话框，如图2-10所示。

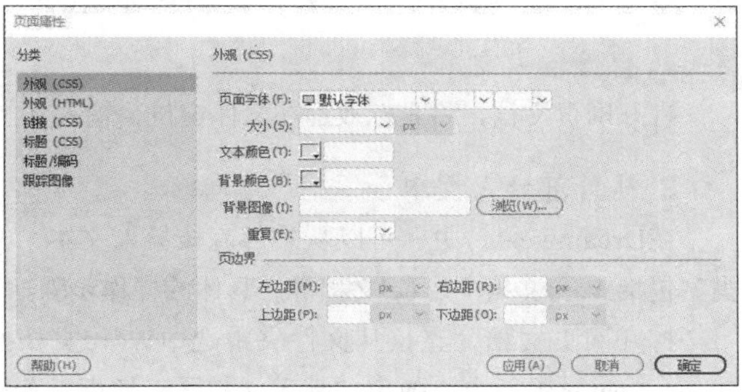

图 2-10

> ⚠ **提示**：该过程需要的输入图像的完整代码为：
>
> ```
> <img src="images/03.jpg" width="500" height="333" align="right" hspace="30" alt=""/>
> ```

步骤12 单击"背景图像"右侧的"浏览"按钮，打开"选择图像源文件"对话框，选择图像素材文件"02.png"。

步骤13 完成后单击"确定"按钮。返回至"页面属性"对话框，依次单击"应用"按钮和"确定"按钮，设置好背景图像，如图2-11所示。

步骤14 保存文件，按F12键在浏览器中预览网页，如图2-12所示。

图 2-11

图 2-12

至此，完成图文混排网页的制作。

边用边学

2.1　创建文本内容

文本是网页信息的重要载体，是网页中最基本的元素之一。用户浏览网页时，获取信息的主要方式就是文本。

■2.1.1　输入文本

在文件中运用丰富的字体、多样的格式设计赏心悦目的文本效果，是网页制作过程中必不可少的。文本的格式设计是否合理将直接影响网页的美观程度。

1. 直接输入文本

打开网页文档，将光标放置在文件窗口，输入文字内容，然后保存文件即可预览效果。

2. 从外部导入文本

在Dreamweaver中，可以从外部直接导入文本，文本的类型包括Word文档、Excel文档等。具体的操作步骤如下：

打开网页文档，直接从文件夹中选中Word文档拖动至Dreamweaver软件中，弹出"插入文档"对话框，如图2-13所示。选择合适的参数后，单击"确定"按钮即可导入Word文档，如图2-14所示。

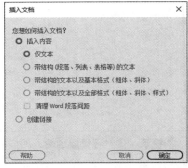

图 2-13

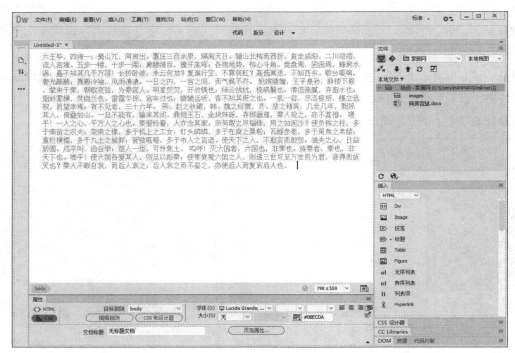

图 2-14

■2.1.2 设置文本属性

文本属性的设置主要是指对网页中的文本格式进行编辑和设置，包括设置文本字体、颜色和字体样式等。一般用于正文的文字不要太大，字体颜色也不要太多，否则其效果会让人眼花缭乱。设置文本属性最简单的方法就是通过"属性"面板进行设置。Dreamweaver的属性面板中包含了HTML属性检查器和CSS属性检查器两种。

1. HTML属性检查器

HTML格式用于设置文本的字体、大小和颜色等。文档中的文本可以通过HTML格式设置其属性，如图2-15所示。

图 2-15

HTML属性面板中主要选项的功能介绍如下：

- **格式**：用于设置所选文本或段落的格式。
- **ID**：标识字段。
- **类**：显示当前选定对象所属的类、重命名或链接外部样式表。
- **链接**：为所选文本创建超文本链接。
- **目标**：用于指定准备加载链接文档的方式。
- **页面属性**：单击该按钮，即可打开"页面属性"对话框，在该对话框中设置页面属性。
- **列表项目**：为所选的文本创建项目及编号列表。

2. CSS属性检查器

CSS（层叠样式表）格式可以新建CSS样式或将现存的样式应用于所选文本，其属性设置项如图2-16所示。

图 2-16

CSS属性面板中部分选项的功能介绍如下：

- **大小**：用于设置合适的字号。
- **字体**：用于选择合适的字体。
- **Color**：用于设置文字颜色。

■2.1.3　添加字体

　　如果字体列表中没有所要的字体，可以编辑字体列表，添加各种需要的字体，使网页看上去更美观。具体步骤如下：

步骤01 选择"CSS属性"→"字体"→"管理字体"选项，打开"管理字体"对话框。

步骤02 在"可用字体"列表框中选择要使用的字体，然后单击 `<<` 按钮，所选字体就会出现在左侧的"选择的字体"列表框中，如图2-17所示，然后单击"完成"按钮即可。

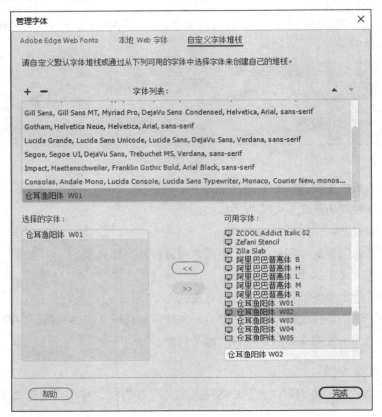

图 2-17

　　如果要从字体组合项中删除字体，在"字体列表"列表框中选中该字体，然后单击左上角的━按钮即可。

🛑 **提示**：选择合适字体

通常情况下，在网页中应尽量使用宋体或黑体，因为大多数计算机系统都默认安装这两种字体。浏览网页的计算机中如果没安装特殊的字体，在浏览时就只能以普通的默认字体来显示。

2.2 插入其他元素

在网页中除了添加文本，还可以添加其他的特殊元素，如特殊字符、水平线和注释等。

■2.2.1 插入特殊字符

在网页中除了可输入字符、数字和字母等，还可插入特殊字符，如版权字符、注册商标字符等。

将光标定位在要插入字符的位置，执行"插入"→"HTML"→"字符"→"其他字符"命令，打开"插入其他字符"对话框，如图2-18所示。在弹出的"插入其他字符"对话框中，选择需要的字符，单击"确定"按钮即可。

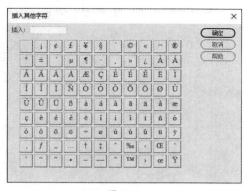

图 2-18

■2.2.2 插入水平线

水平线在网页文档中经常用到，插入水平线有助于用户区分文章标题和正文。合理使用水平线可以获得非常好的效果。

将光标定位在要插入字符的位置，打开"插入"面板，如图2-19所示，单击"水平线"选项即可。执行"插入"→"HTML"→"水平线"命令也可插入水平线。

图 2-19

2.3　创建项目列表和编号列表

列表就是那些具有相同属性元素的集合。列表分为项目列表和编号列表两种。项目列表可以使用某个符号或图案来排列一组没有顺序的文本，而编号列表则以数字编号排列一组有顺序的文本。在Dreamweaver中，允许设置多种项目列表格式。

■2.3.1　项目列表

在项目列表中，通常使用一个项目符号作为每个列表项的前缀。创建项目列表的具体步骤如下：

打开一个网页文档，将鼠标光标放在需要设置项目列表的文档中，执行"插入"→"无序列表"命令，如图2-20所示。光标所在位置将出现默认的项目列表，如图2-21所示。重复操作以上步骤，设置其他文本的项目列表，如图2-22所示。

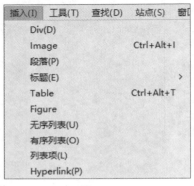
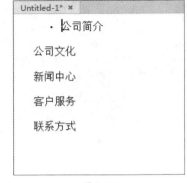
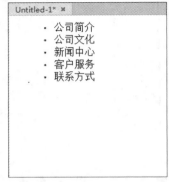

图 2-20　　　　　　　　　图 2-21　　　　　　　　　图 2-22

■2.3.2　编号列表

编号列表可以指定其编号类型和起始编号。创建编号列表的具体步骤如下：

打开一个网页文档，将鼠标光标放在需要设置项目列表的文档中，执行"插入"→"有序列表"命令，如图2-23所示。光标所在位置将出现默认的项目列表，如图2-24所示。重复操作以上步骤，设置其他文本的项目列表，如图2-25所示。

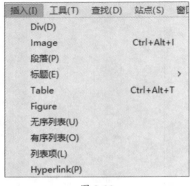
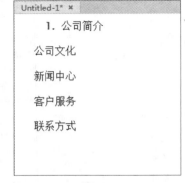
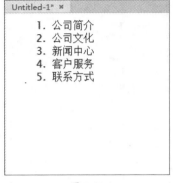

图 2-23　　　　　　　　　图 2-24　　　　　　　　　图 2-25

■2.3.3　设置列表属性

在"文档"窗口中，将光标放置在需要进行操作的列表项目的文本中，右击鼠标，在弹出的快捷菜单中选择"列表"→"属性"命令，打开"列表属性"对话框，如图2-26所示。在该对话框中，可以对列表的属性进行修改。

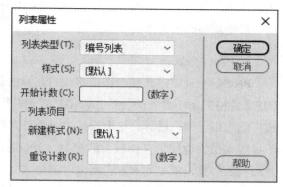

图 2-26

在打开的"列表属性"对话框中，部分选项功能介绍如下：

● **新建样式**：为所选列表项目指定样式。
● **重设计数**：用于设置列表项目编号的开始数字。

2.4　插入图像

在网页中插入漂亮的图片会使网页更加美观，使页面更具有吸引力。

■2.4.1　网页中常用的图像格式

网页中通常使用的图片格式主要有GIF、JPEG和PNG三种，下面将分别介绍它们的特性。

1. GIF格式

GIF（Graphics Interchange Format）的原义是"图像互换格式"。GIF文件的数据是一种基于LZW算法的连续色调的无损压缩格式，其压缩率一般在50%左右。可见，GIF文件的数据是经过压缩的，而且采用的是可变长度等压缩算法。

GIF格式的特点是压缩比高，磁盘空间占用较少，所以这种图像格式迅速得到了广泛的应用。GIF格式的另一个特点是在一个GIF文件中可以存多幅彩色图像，如果把存于一个文件中的多幅图像数据逐幅读出并显示到屏幕上，就可构成一种最简单的动画。

GIF文件分为静态GIF和动画GIF两种，扩展名都为.gif。GIF格式支持透明背景图像，可适用于多种操作系统。它"体型"很小，网上很多小动画都是GIF格式。其实动画GIF是将多幅图像保存在一个图像文件中，从而形成动画，所以归根到底动画GIF文件仍然是图片文件。但GIF格式只能显示256色，它采用无损压缩技术，只要图像颜色不多于256色，则既可减少文件的大小，又可保持成像的质量。

2. JPEG格式

JPEG/JPG图片以24位颜色存储单个光栅图像。JPEG是与平台无关的格式，支持最高级别的压缩，不过，这种压缩是有损耗的，压缩方式是以损失图像质量为代价的。压缩比越高图像质量损失越大，图像文件的大小也就越小。

目前，JPG/JPEG格式是因特网中很受欢迎的图像格式，JPEG格式可支持多达16M的颜色，它能展现色彩丰富且生动的图像，而GIF格式最多只能是256色，因此JPEG格式成为因特网中最受欢迎的图像格式。

3. PNG格式

PNG是一种便携式网络图像格式，其目的是试图替代GIF和TIFF文件格式，同时增加一些GIF文件格式所不具备的特性。PNG格式图片因其高保真性、透明性及文件体积较小等特性，被广泛应用于网页设计、平面设计中。受带宽制约，在保证图片清晰、逼真的前提下，网页中不可能大范围地使用文件较大的BMP、JPG格式文件，GIF格式文件虽然文件较小，但在颜色方面失色严重，不尽如人意，所以PNG格式文件自诞生之日起就受到欢迎。PNG图片在下载过程中占带宽较小，而且颜色逼真，下载一次可重复使用。

■ 2.4.2 插入图像

图像在网页中具有提供信息、展示形象、美化网页、表达个人情趣和风格的作用。在网页中插入图片的方法如下：

打开需要插入图像的网页，将光标定位在要插入图像的位置，执行"插入"→"Image"命令，弹出"选择图像源文件"对话框，在该对话框中选择需要的图像文件，如图2-27所示，然后单击"确定"按钮，即可插入图像，如图2-28所示。

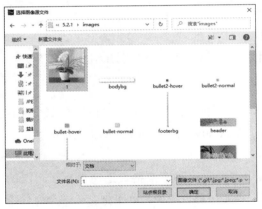

图 2-27

图 2-28

■ 2.4.3 设置图像属性

插入图像以后，为了使图片与网页中其他元素协调一致，就需要对图像属性进行调整。选定图像后，在"属性"面板中可以看到图像的相关属性，如图2-29所示。

图 2-29

在图像属性面板中，部分选项的功能介绍如下。

- **宽、高**：用于设置在浏览器中显示图像的宽度和高度值，以像素为单位。除此之外，还可以直接用鼠标左键拖动其中任何一个控制点来改变图像的大小。调整后，其文本框的右侧会显示"重置为原始大小" ⊘ 按钮，单击该按钮，图像可以恢复到原来的大小。
- **源文件**：用于指定图像文件的路径。
- **链接**：用于指定图像的链接文件。
- **替换**：用于指定图片的说明文字，即浏览器不能正常显示图像时替代图像显示的文本。
- **编辑**：启动图像编辑器中的一组编辑工具可以对图像进行复杂的编辑，包括裁剪大小、重新取样、设置亮度和对比度及锐化图像等。这些操作通过属性面板都可以完成，操作也非常简单。
- **地图**：用于创建客户端图像地图。
- **热点工具**：单击这些按钮，创建图像的热区链接。
- **目标**：链接页面在窗口或框架中的打开方式，包括"_parent""_blank""_new""_self"和"_top"选项。
- **原始**：设置图像下载完成前显示的低质量图像。

■2.4.4 插入鼠标经过图像

鼠标经过图像是指在浏览器中查看并在鼠标指针移过它时发生变化的图像。鼠标经过图像是由初始图像和替换图像两个图像文件组成的。通常情况下，这两个图像文件的大小相等。如果这两个图像文件的大小不同，Dreamweaver 会自动调整第2幅图像的大小，使之与第1幅图像匹配。

打开网页文件，将光标定位在要插入图像的位置，执行"插入"→"HTML"→"鼠标经过图像"命令，弹出"插入鼠标经过图像"对话框，在该对话框中设置相关参数，如图2-30所示。在对话框中单击"原始图像"文本框后面的"浏览"按钮，弹出"原始图像"对话框，选择需要的文件，单击"确定"按钮，如图2-31所示。

图 2-30

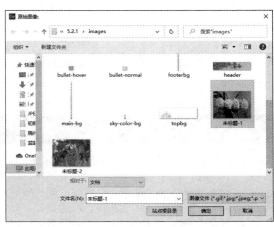

图 2-31

单击"鼠标经过图像"文本框右边的"浏览"按钮，弹出"鼠标经过图像"对话框，选择需要的文件，单击"确定"按钮，如图2-32所示。

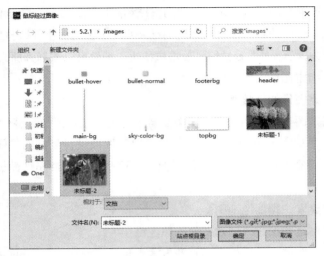

图 2-32

勾选"预载鼠标经过图像"复选框，单击"确定"按钮，保存文档，按F12键在浏览器中预览，效果如图2-33和图2-34所示。

图 2-33

图 2-34

2.5 编辑图像

将图片插入到文章中，可以使用Dreamweaver中的图像编辑功能对图像进行复杂的编辑。

■ 2.5.1 裁剪图像

裁剪是指删除图像中选定区域以外的多余部分，通过减小图像区域来编辑图像。具体的操作步骤如下：

步骤01 打开网页文档，选定要裁剪的图像，单击"属性"面板中的"裁剪"⛶按钮，弹出提示框，如图2-35所示。单击"确定"按钮，所选图像的周围会出现裁剪控制点，如图2-36所示。

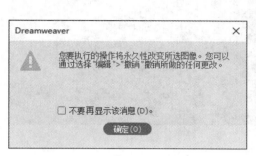

图 2-35　　　　　　　　　　　　　　　　　　图 2-36

步骤 02 拖动鼠标，调整裁剪控制点到合适的大小，如图2-37所示。在边界框内双击或按Enter键，即可完成图像的裁剪，保存文档，按F12键在浏览器中预览，效果如图2-38所示。

图 2-37　　　　　　　　　　　　　　　　　　图 2-38

■2.5.2　重新取样图像

重新取样图像时，会在图像中添加或删除像素，使其变大或变小。具体操作步骤如下：

步骤 01 打开网页文档，选定需要重新取样的图像，单击"属性"面板中"重新取样"　按钮，弹出提示框，如图2-39所示。

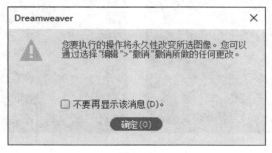

图 2-39

步骤 02 单击"确定"按钮，即可完成重新取样，如图2-40和图2-41所示。

图 2-40　　　　　　　　　　　　　　　图 2-41

■2.5.3　调整图像亮度和对比度

在网页中图像过暗或过亮时，可以修改图像的亮度或对比度，这将影响图像的高亮显示、阴影和中间色调。具体操作步骤如下：

步骤 01 打开网页文档，选定图像，单击"属性"面板中的"亮度和对比度"按钮◎，弹出提示框，如图2-42所示。单击"确定"按钮，弹出"亮度/对比度"对话框，如图2-43所示。

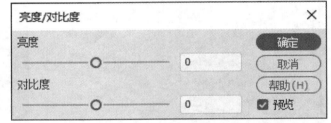

图 2-42　　　　　　　　　　　　　　　图 2-43

步骤 02 设置亮度、对比度参数，单击"确定"按钮即可，调整前后的显示效果如图2-44和图2-45所示。

图 2-44　　　　　　　　　　　　　　　图 2-45

■2.5.4　锐化图像

锐化可增加图像边缘的对比度，从而增加图像的清晰度。选定图像，单击"属性"面板中的"锐化"按钮 ▲，弹出"锐化"对话框，调整参数，然后单击"确定"按钮即可，如图2-46所示。

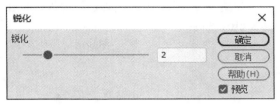

图 2-46

2.6　插入多媒体

为了丰富网页内容，使整体效果变得生动有趣，可以在网页中添加一些多媒体内容，如动画和视频等。

■2.6.1　插入SWF动画

SWF是一种支持矢量和点阵图形的动画文件格式，被广泛应用于网页设计及其他领域。在Dreamweaver中能将现有的SWF动画插入到文档中，以便丰富网页效果。

步骤 01 打开网页文档，将光标定位在要插入SWF动画的位置，执行"插入"→"HTML"→"Flash SWF（F）"命令，如图2-47所示。打开"选择SWF"对话框，选择要插入的Flash动画，然后单击"确定"按钮，如图2-48所示。

图 2-47

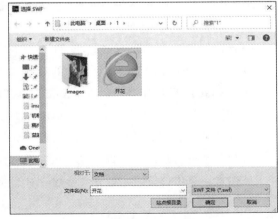

图 2-48

步骤 02 弹出"对象标签辅助功能属性"对话框，如图2-49所示，单击"确定"按钮，即可插入SWF动画。

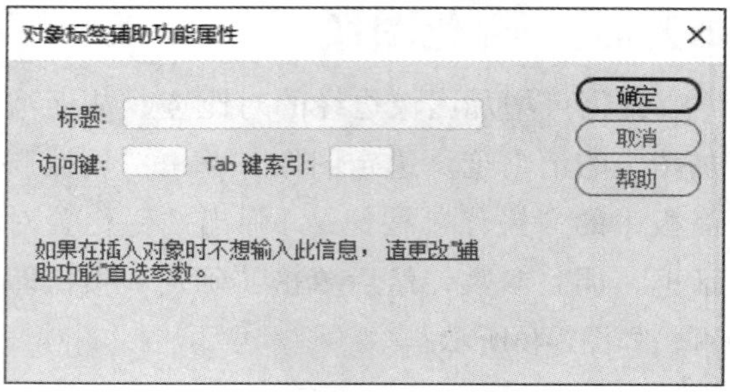

对象标签辅助功能属性
标题：
访问键： Tab 键索引：
如果在插入对象时不想输入此信息，请更改"辅助功能"首选参数。

图 2-49

插入SWF动画后，可以通过"属性"面板对其进行修改，如图2-50所示。

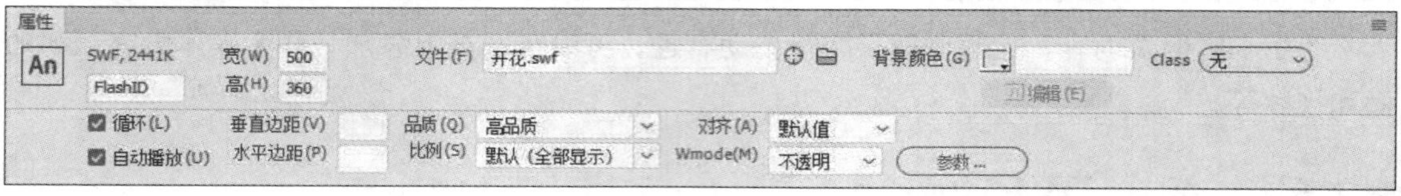

图 2-50

动画属性面板中，部分选项的功能介绍如下：

● **宽、高**：用于设置文档中SWF动画的宽度和高度。
● **文件**：指定SWF文件的路径。
● **源文件**：指定源文档（FLA文件）的路径。
● **背景颜色**：指定动画区域的背景颜色。
● **编辑**：启动Flash以更新FLA文件。如果计算机上没有安装Flash，则会禁用此选项。
● **类**：用于对动画应用CSS类。
● **循环**：使动画连续播放。如果没有选择循环，则动画将播放一次，然后停止。
● **自动播放**：在加载页面时自动播放动画。
● **垂直边距、水平边距**：用于设置动画的上下或左右的边距。
● **品质**：用于设置SWF动画的质量参数。包括"低品质""自动低品质""自动高品质"和"高品质"4种选项。
● **比例**：用于设置动画的缩放比例，包括"全部显示""无边框"和"严格匹配"3种选项。
● **对齐**：用于设置动画在页面中的对齐方式。
● **Wmode**：为SWF文件设置Wmode参数以避免与DHTML元素相冲突。默认值是"不透明"，这样在浏览器中，DHTML元素就可以显示在SWF文件的上面。如果SWF文件包括透明度，并且希望DHTML元素显示在它们的后面，则选择"透明"选项。选择"窗口"选项可从代码中删除Wmode参数并允许SWF文件显示在其他DHTML元素的上面。
● **参数**：单击该按钮，打开"参数"对话框，可以设定附加参数。

■2.6.2 插入FLV视频

FLV流媒体格式是Flash支持的一种视频格式。由于它形成的文件极小、加载速度极快，使得网络观看视频文件非常方便。它的出现有效地解决了视频文件导入Flash后，使导出的SWF文件体积庞大，不能在网络上很好使用等缺点。

在Dreamweaver中，"插入FLV"对话框的"视频类型"下拉列表中有两种视频类型：一种是累进式下载视频，另一种是流视频。

1. 累进式下载视频

累进式下载视频类型是将FLV文件下载到站点访问者的硬盘上，然后播放。与传统的"下载并播放"视频传送方法不同，累进式下载允许在下载完成之前就开始播放视频文件。

执行"插入"→"HTML"→"Flash Video"命令，打开"插入FLV"对话框，在"视频类型"下拉列表中选择"累进式下载视频"，如图2-51所示。设置完参数后单击"确定"按钮，即可将FLV文件添加到网页上。

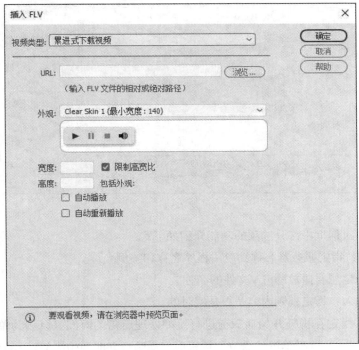

图 2-51

"插入FLV"对话框中部分选项的功能介绍如下：

- **URL**：设置FLV文件的相对路径或绝对路径。
- **外观**：设置视频组件的外观。所选外观的预览会显示在"外观"下拉列表的下方。
- **宽度、高度**：以像素为单位设置FLV文件的宽度和高度。
- **限制高宽比**：保持视频组件的宽度和高度之间的比例不变。默认情况下会选择此选项。
- **自动播放**：指定在网页面打开时是否播放视频。
- **自动重新播放**：指定播放控件在视频播放完之后是否返回起始位置。

2. 流视频

流视频是对视频内容进行流式处理，并在一段可确保流畅播放的很短的缓冲时间后在网页上播放该内容。

执行"插入"→"HTML"→"Flash Video"命令，打开"插入FLV"对话框，在"视频类型"下拉列表中选择"流视频"，如图2-52所示。设置完参数后单击"确定"按钮，即可将FLV文件添加到网页上。

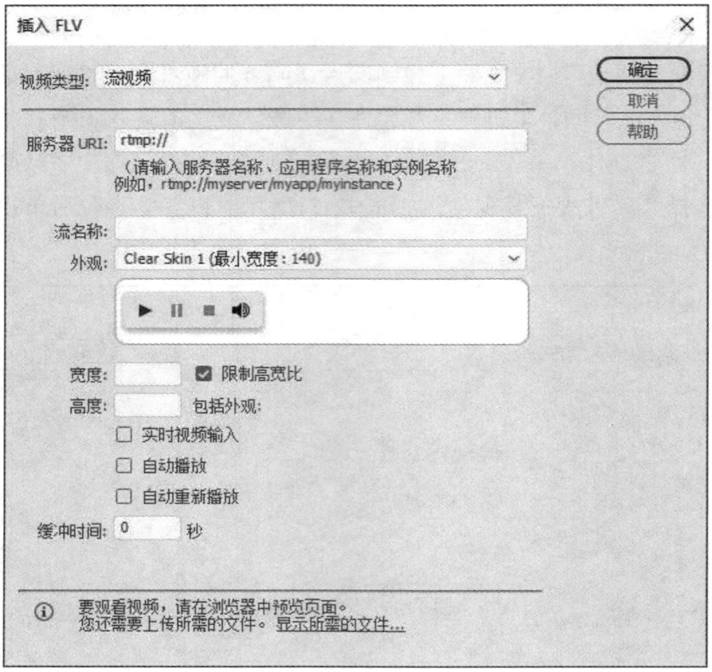

图 2-52

"插入FLV"对话框中部分选项的功能介绍如下：

● **服务器URI**：指定服务器名称、应用程序名称和实例名称。

● **流名称**：指定想要播放的FLV文件的名称。

● **实时视频输入**：指定视频内容是否是实时的。

● **缓冲时间**：指定在视频开始播放前进行缓冲处理所需的时间（以秒为单位）。默认的缓冲时间设置为0，这样单击"播放"按钮后，视频会立即开始播放。

■2.6.3 插入背景音乐

有时打开一个网站就会响起动听的音乐，这会使网站增色不少。在Dreamweaver中可以插入的声音文件类型有mp3、wav、midi、aif、ra和ram等。为网页添加背景音乐的方法一般有两种：一种是通过普通的<bgsound>标签来添加，另一种是通过<embed>标签来添加。

1. 使用<bgsound>标签

打开网页文档点击"代码"按钮，将文档窗口切换到代码视图窗口，在<head>和</head>之间的任意位置添加以下代码实现背景音乐的添加：<bgsound src="yinyue.mp3" loop="-1" />，如图2-53所示。

```
1   <!doctype html>
2 ▼ <html>
3 ▼ <head>
4   <meta charset="utf-8">
5       <bgsound src="yinyue.mp3" loop="-1" />
6   <title>无标题文档</title>
7   </head>
8
9   <body>
10  </body>
11  </html>
12
```

图 2-53

2. 使用<embed>标签

<embed>标签可用来添加各种多媒体，格式可以是midi和wav等。添加方法与<bgsound>标签添加方法类似。打开网页文档，点击"代码"按钮，将文档窗口切换到代码视图窗口，在<head>和</head>之间的任意位置添加以下代码实现背景音乐的循环播放：<embed src="yinyue. mp3" autostart="true" loop="true" hidden="true">，如图2-54所示。

```
1   <!doctype html>
2 ▼ <html>
3 ▼ <head>
4   <meta charset="utf-8">
5   <embed src="yinyue.mp3" autostart="true"loop="true"hidden="true">
6   <title>无标题文档</title>
7   </head>
8
9   <body>
10  </body>
11  </html>
12
```

图 2-54

经验之谈 "页面属性"的作用

"页面属性"可以控制整个页面的背景颜色和文本颜色等。单击"属性"面板中的"页面属性"按钮，可以打开"页面属性"对话框进行设置，如图2-55所示。

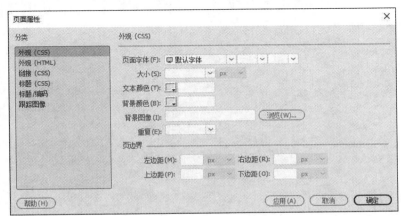

图 2-55

在"页面属性"对话框中，包括6类属性：外观（CSS）、外观（HTML）、链接（CSS）、标题（CSS）、标题/编码和跟踪图像，下面将针对这几类属性进行介绍。

1. 外观（CSS）

"外观（CSS）"属性中的选项可以设置页面的字体、大小、文本颜色、背景、页边界等信息，如图2-56所示。

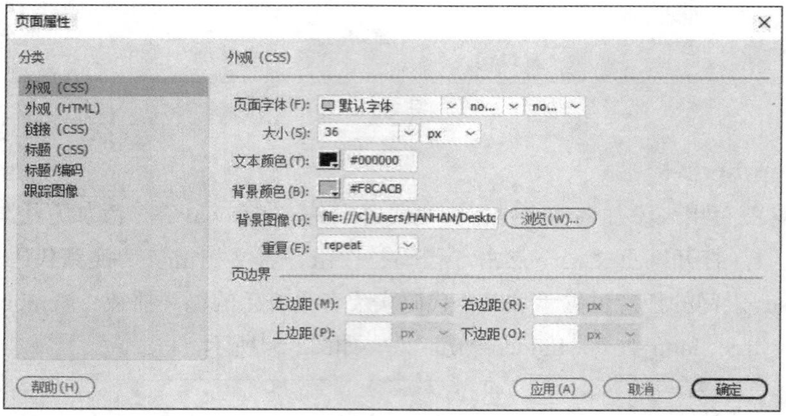

图 2-56

该选项卡中选项的功能介绍如下：

- **页面字体**：设置页面中的字体样式。
- **大小**：设置输入页面中的文本字号及单位。
- **文本颜色**：设置网页文本的颜色。
- **背景颜色**：设置网页的背景色。
- **背景图像**：为网页添加背景图像。
- **重复**：添加背景图像后，设置背景图像的重复方式。
- **页边界**：设置网页上下左右的边距。

2. 外观（HTML）

"外观（HTML）"属性中的选项可以设置背景图像、背景颜色、已访问链接、链接、页边距等信息，如图2-57所示。

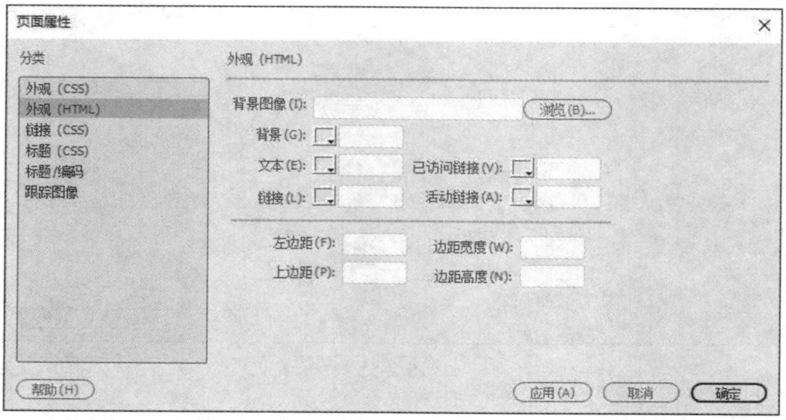

图 2-57

3. 链接（CSS）

"链接（CSS）"属性中的选项可以设置页面链接的相关属性，如图2-58所示。

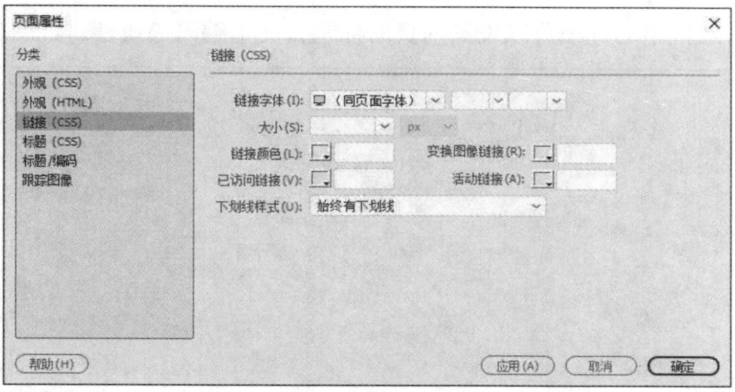

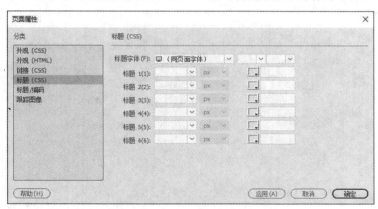

图 2-58

该选项卡中选项的功能介绍如下：

- **链接字体**：选择页面超链接文本在默认状态下的字体。
- **大小**：设置超链接文本的字体大小。
- **链接颜色**：设置网页中超链接的颜色。
- **交换图像链接**：设置当鼠标移动到超链接文字上方时超链接的颜色。
- **已访问链接**：设置访问过的超链接的颜色。
- **活动链接**：设置激活状态时超链接的颜色。
- **下划线样式**：设置网页中鼠标移动到超链接文字上方时采用的下划线。

4. 标题（CSS）

"标题（CSS）"属性中的选项主要用于设置一些与标题相关的属性，如图2-59所示。

图 2-59

该选项卡中部分选项的功能介绍如下：

- **标题字体**：定义标题文字的字体。
- **标题1**：定义一级标题文字的字号和颜色。
- **标题2**：定义二级标题文字的字号和颜色。

- **标题3**：定义三级标题文字的字号和颜色。

5. 标题/编码

"标题/编码"属性中的选项可以设置网页的标题、文字编码等属性，如图2-60所示。

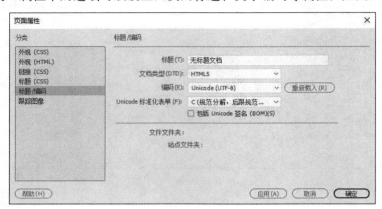

图 2-60

该选项卡中部分选项的功能介绍如下：

- **标题**：设置网页标题。
- **文档类型**：设置文档类型。
- **编码**：设置网页的文字编码。
- **重新载入**：装载新的文字编码。

6. 跟踪图像

"跟踪图像"属性中的选项可以设置图像跟踪的属性，如图2-61所示。跟踪图像可以方便网页的布局设置，即将网页的布局制作成一个图像，再在制作网页布局时将该图像设置为跟踪图像，并根据此图像进行布局。

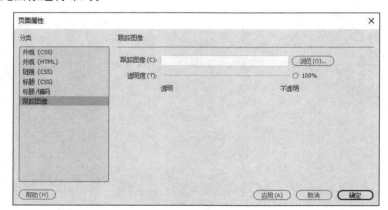

图 2-61

该选项卡中选项的功能介绍如下：

- **跟踪图像**：为当前制作的网页添加跟踪图像。
- **透明度**：调整跟踪图像的透明度。

上手实操

实操一：制作按钮变化效果

在Dreamweaver软件中，通过"鼠标经过图像"命令，可以制作图像变化的效果。本案例将练习制作按钮标签变化的效果，如图2-62和图2-63所示。

图 2-62　　　　　　　　　　　　　　　　　图 2-63

设计要领

- 打开Dreamweaver软件，新建文档，插入表格。
- 保存文件，按F12键预览。
- 在表格中插入图片及鼠标经过图像。

实操二：制作鸟类繁育网站

通过综合使用网页中的构成元素，可以制作出内容丰富的网页。图2-64和图2-65为制作的鸟类繁育网站网页的显示效果。

图 2-64　　　　　　　　　　　　　　　　　图 2-65

设计要领

- 新建网页文档，插入表格并设置。
- 新建CSS样式，调整文字效果。
- 导入图像素材并调整，输入文字。
- 保存文件，按F12键预览。

第 **3** 章

网页中超链接的创建

内容概要

　　超级链接（Hyperlink）简称超链接或链接，它唯一地指向另一个Web信息页面。创建超链接是编写网页的一个重要部分，甚至可以说"链接是一个网站的灵魂"。网页中的链接可以分为内部链接、外部链接、文本超链接、电子邮件超链接、图像超链接、图像热点超链接、下载文件超链接、锚点超链接等。本章将讲述如何使用各种超链接建立各个页面之间的关联。

知识要点

- 了解超链接基本概念。
- 学会管理网页超链接。
- 学会在图像中应用超链接。

数字资源

【本章案例素材来源】："素材文件\第3章"目录下

【本章案例最终文件】："素材文件\第3章\案例精讲"目录下

案例精讲 制作银杏农场网页

案/例/描/述

　　超链接是网页设计中常用的一个功能，它可以使单独网页与其他网页或站点之间进行连接，从而形成一个真正的网站。本案例将通过制作银杏苗圃场的超链接网页，来讲解超链接的创建方法等。

扫码观看视频

案/例/详/解

步骤01 打开Dreamweaver软件，执行"文件"→"打开"命令，打开文件"index.html"，如图3-1所示。

步骤02 选择要链接的文本内容，在"属性"面板中的"链接"文本框中输入链接的地址，如图3-2所示。

图 3-1

图 3-2

步骤 03 选择要链接的图像，在"属性"面板中的"链接"文本框中输入链接的地址，如图3-3所示。

步骤 04 选择网页中的图像，在"属性"面板中单击"矩形热点工具" ⬚ 按钮，在"网站首页"文字上绘制矩形热区，如图3-4所示。

图 3-3

图 3-4

步骤 05 此时矩形热区处于被选中状态，在"属性"面板中的"链接"文本框中输入链接的地址，在"目标"文本框中选择"_black"，如图3-5所示。

步骤 06 使用相同的方法，创建导航栏图像的其他热点链接，如图3-6所示。

图 3-5

图 3-6

步骤 07 选择底部要创建电子邮件链接的电子邮箱，在"插入"面板中选择"HTML"分类中的"电子邮件链接"命令，如图3-7所示。

步骤 08 打开"电子邮件链接"对话框，在该对话框中设置参数，完成后单击"确定"按钮，如图3-8所示。

图 3-7　　　　图 3-8

步骤 09 执行"文件"→"保存"命令，保存制作好的文件。按F12键在浏览器中进行预览，效果如图3-9和图3-10所示。

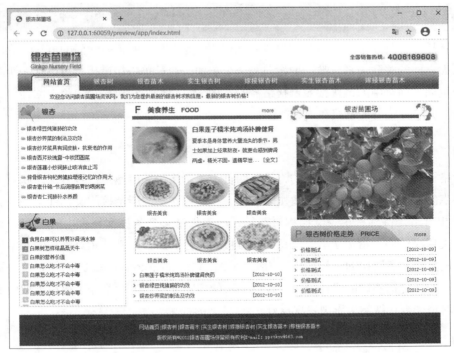

图 3-9

图 3-10

到这里，就完成网页中超链接的制作。

边用边学

3.1 超级链接的概念

超级链接是指页面中的文本、图像或其他HTML元素与其他资源之间的链接。它定义的是页面与页面之间的关联关系，唯一地指向另一个页面。通过单击超链接，可以从一个页面跳转到另一个页面。网页中的链接按照链接路径的不同，可以分为相对路径、绝对路径。按照所连接网站的不同，分为外部链接和内部链接。

■3.1.1 相对路径

相对路径就是相对于当前文件的路径。网页中表示路径一般使用这种方法。相对路径对于大多数站点的本地链接来说，是最适用的路径。在当前文档与所链接的文档处于同一文件夹内时，文档相对路径特别有用。文档相对路径还可用来链接到其他文件夹中的文档，其方法是利用文件夹层次结构，指定从当前文档到所链接的文档的路径。文档相对路径的基本思想是省略对于当前文档和所链接的文档都相同的绝对URL（Uniform Resource Locator，统一资源定位器）部分，而只提供不同的路径部分。经过多次的实验证明：绝对路径不适用于搜索引擎的查询，而相对路径则在搜索引擎中表现良好。

■3.1.2 绝对路径

绝对路径是指包括服务器规范在内的完全路径，通常使用"http://"开始。绝对路径就是网页上的文件或目录在服务器硬盘上的真正路径。采用绝对路径的好处是它同链接的源端点无关。只要网站的地址不变，无论文档在站点中如何移动，都可以正常实现跳转。另外，如果希望链接到其他不同站点上的内容，就必须使用绝对路径。

采用绝对路径的缺点在于这种方式的链接不利于测试。如果在站点中使用绝对地址，要想测试链接是否有效，必须在因特网服务器端对链接进行测试。绝对路径一般在CGI程序的路径配置中经常用到，而在制作网页中很少用到。

■3.1.3 外部链接和内部链接

外部链接是指链接到外部的地址，一般是绝对地址链接。创建外部超级链接的操作比较简单，先选中文字或图像，直接在"属性"面板中的"链接"文本框中输入外部的链接地址，如http://www.baidu.com。

内部链接是指站点内部页面之间的链接，创建内部链接的方法如下：

打开要创建内部链接的网页文档，在网页中选择要链接的文本，在"属性"面板中单击"链接"文本框后面的"浏览文件"按钮，在弹出的"选择文件"对话框中选择文件，然后单击"确定"按钮即可，如图3-11所示。

图 3-11

3.2 管理网页超级链接

管理超链接是网页管理中不可缺少的一部分，通过超链接可以使各个网页连接在一起。使网站中众多的网页构成一个有机整体。通过管理网页中的超链接，可以对网页进行相应的管理。

■3.2.1 自动更新链接

每当在本地站点内移动或重命名文档时，Dreamweaver可更新指向该文档的链接。当整个站点存储在本地硬盘上时，此项功能将最适合用于Dreamweaver，因为它不会更改远程文件夹中的文件，除非将这些本地文件存放到远程服务器上。

为了加快更新过程，Dreamweaver可创建一个缓存文件，用以存储有关本地文件夹中所有链接的信息。在添加、更改或删除指向本地站点上的文件链接时，该缓存文件以可见的方式进行更新。

自动更新链接的具体操作过程为：执行"编辑"→"首选参数"命令，打开"首选项"对话框。从左侧的"分类"列表中选择"常规"选项，在"文档选项"选项组下，从"移动文件时更新链接"下拉列表中选择"总是"或"提示"选项，如图3-12所示。

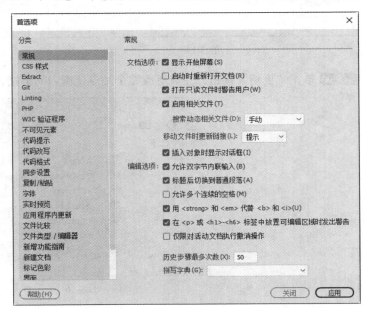

图 3-12

■3.2.2　在站点范围内更改链接

除了移动或重命名文件时，让Dreamweaver自动更新链接外，还可以在站点范围内更改所有链接，具体操作步骤如下：

步骤 01 打开已创建的站点地图，选中一个文件，执行"站点"→"站点选项"→"改变站点范围的链接"命令，如图3-13所示。

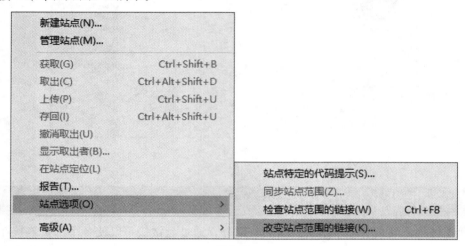

图 3-13

步骤 02 在弹出的"更改整个站点链接（站点-new）"对话框中，将站点中所有的链接页面"/index.html"变成新链接"/gongsijieshao.html"，如图3-14所示。单击"确定"按钮，弹出"更新文件"对话框，如图3-15所示。

图 3-14

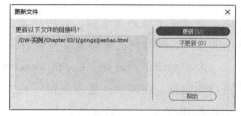

图 3-15

步骤 03 单击"更新"按钮，完成更改整个站点范围内的链接，更改后的文件列表如图3-16所示。

图 3-16

在整个站点范围内更改某个链接后，所选文件就成为独立文件（即本地硬盘上没有任何文件指向该文件）。这时可安全地删除此文件，而不会破坏本地 Dreamweaver 站点中的任何链接。

因为这些更改是在本地进行的，所以必须手动删除远程文件夹中的相应独立文件，然后存回或取出链接已经更改的所有文件；否则，站点浏览者将看不到这些更改。

> **⬤ 提示：文字链接标签**
>
> 在浏览网页时，光标经过某些文本时，会变为小手形状，同时文本也会发生变化，提示浏览者这是带链接的文本。此时单击鼠标左键，会打开链接的网页，这就是文字超级链接。在HTML语言中用超链接标签指向一个目标。下面是一个文字链接的代码：
>
> ```
> <a href="gongsijieshao.html" target="_blank" ></a>
> ```
>
> href是<a>标签的一种属性，该属性中的URL等于链接目标文件的地址。
>
> target也是<a>标签的一种属性，相当于Dreamweaver"属性"面板中的"目标"选项。
>
> 如果target的值等于_blank，效果是在新窗口中打开。除此之外还包括其他3种属性值：_parent,_self和_top。这和Dreamweaver中"目标"下拉列表中的内容是一样的。

■3.2.3 检查站点中的链接错误

整个网站中有成千上万个超级链接，发布网页前需要对这些链接进行测试，如果对每个链接都进行手工测试，会浪费很多时间。Dreamweaver中"站点管理器"窗口提供了对整个站点的链接进行快速检查的功能。这一功能很重要，可以找出断掉的链接、错误的代码和未使用的孤立文件等，以便纠正和处理。

打开网页文档，执行"站点"→"站点选项"→"检查站点范围的链接"命令，打开"链接检查器"面板，如图3-17所示。

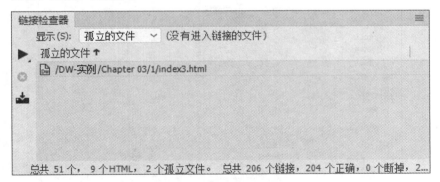

图 3-17

其中，孤立文件是在网页中没有使用，但存放在网站文件夹里，上传后它会占据有效空间，应该把它清除。清除的办法是选中文件，然后按Delete键将其删除。

3.3　在图像中应用链接

图像链接和文本链接一样，都是网页中基本的链接。创建图像链接是在"属性"面板的"链接"文本框中完成的，在浏览器中当鼠标经过该图像时会出现提示。

■3.3.1　图像链接

在Dreamweaver中超级链接的范围是很广泛的，利用它不仅可以链接到其他网页，还可以链接到其他图像文件。给图像添加超级链接，使其指向其他的图像文件，这就是图像超级链接，具体操作步骤如下：

步骤 01 打开文档选中图像，在"属性"面板中单击"链接"文本框后面的浏览文件图标，如图3-18所示。

图 3-18

步骤 02 在弹出的"选择文件"对话框中选择"gongsijieshao.html"，如图3-19所示。

图 3-19

步骤 03 单击"确定"按钮，即可创建图像链接，在"属性"面板的"链接"文本框中可以看到链接，如图3-20所示。

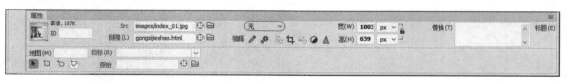

图 3-20

步骤 **04** 保存文件，在浏览器中单击图片，就会跳转到相应的页面，如图3-21所示。

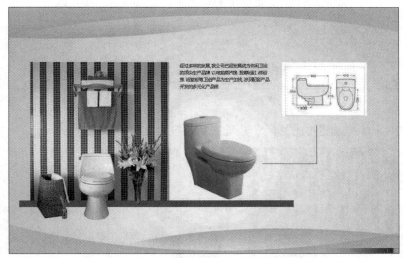

图 3-21

■3.3.2 图像热点链接

在图形上插入热点后，将该图形导出为图像映射，以使其可以在 Web 浏览器中发挥作用。导出图像映射时，将生成包含有关热点及相应URL链接的映射信息的图形和HTML代码。

通过图像映射功能，可以对图像中的特定部分建立链接。在单个图像内，可以设置多个不同的链接。图像热点是一个非常实用的功能。图像映射是将整张图片作为链接的载体，将图片的整个部分或某一部分设置为链接。热点链接的原理就是利用HTML语言在图片上定义一定形状的区域，然后给这些区域加上链接，这些区域被称之为热点。

常见热点工具包括如下几种：

- **矩形热点工具**：单击"属性"面板中的"矩形热点工具"按钮，然后在图上拖动鼠标左键，即可勾勒出矩形热区。
- **圆形热点工具**：单击"属性"面板中的"圆形热点工具"按钮，然后在图上拖动鼠标左键，即可勾勒出圆形热区。
- **多边形热点工具**：单击"属性"面板中的"多边形热点工具"按钮，然后在图上多边形的每个端点位置上单击鼠标左键，即可勾勒出多边形热区。

选择图像地图中的多个热点，按下Shift键的同时单击选择其他热点。按Ctrl+A组合键可选择所有热点。

■3.3.3 创建图像热点链接

图像的热点链接可以将一幅图像分割为若干个区域，并将这些区域设置成热点区域。可以将不同热点区域链接到不同的页面，当浏览者单击图像上不同的热点区域时，就能够跳转到不同的页面。

步骤 **01** 打开网页文档，选中要添加图像热点链接的图像文件。

步骤 **02** 执行"窗口"→"属性"命令，打开"属性"面板，在"属性"面板中选择"矩形热点工具"▣"。将光标置于图像上，在图像上绘制一块矩形热区，并在"属性"面板中输入链接，如图3-22所示。

图 3-22

步骤 **03** 用同样的方法绘制更多的热区，并链接到相应的文件，如图3-23所示。

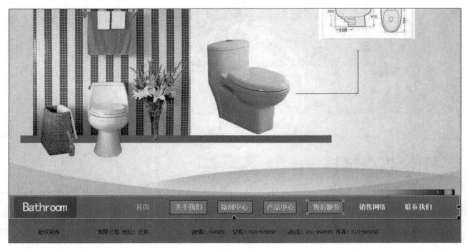

图 3-23

⚠ **提示：图像热点链接代码**

下面是创建的一个图像热点链接，生成的HTML代码如下：

```html
<map name="Map">
    <area shape="rect" coords="355,11,440,43" href="gongsijieshao.html">
    <area shape="rect" coords="462,12,538,45" href="#">
    <area shape="rect" coords="559,9,643,48" href="#">
    <area shape="rect" coords="663,9,747,47" href="#">
</map>
```

首先使用<img src="图像的URL">标签插入一幅图像，然后在此基础上画出热点区域。由于在HTML语言的代码状态下无法观察到图像，因此无法精确定位热点区域的位置。

（1）<map>标签为图像地图的起始标签，说明<map>至</map>标签之间的内容均属于图像地图部分，且<map>标签还拥有name属性，可以给这个图像地图起一个名字，以便利用这个名字找出其中各个区域及其对应的URL地址。

（2）一个<area>标签代表一个热点区域，它拥有如下几个重要属性。

● shape指明区域的形状，如rect（矩形）、circle（圆形）和poly（多边形）。coords则指明各区域的坐标，表示方式随shape值而有所不同。

● href为热点区域链接的URL地址。

● target为目标。

● alt为替换文本。

经验之谈 以新窗口打开超链接

默认情况下，单击网页中的超链接时，会在当前窗口中跳转，当前页面中的内容会被替换。在Dreamweaver软件中，可以通过标签属性，使超链接的目标页面在一个新的浏览器窗口中打开。

打开Dreamweaver软件，输入文字，选中输入的文字，创建文本链接，如图3-24所示。

图 3-24

按F12键在浏览器中预览，单击链接文本，可以看到此时页面在当前窗口跳转，如图3-25所示。

图 3-25

在代码区域的<a></a>标签中添加target属性，如图3-26所示。

图 3-26

按F12键在浏览器中预览，单击链接文本可以在新窗口中看到打开的链接对象。

完整代码如下：

```
<!doctype html>
<html>
<head>
<meta charset="utf-8">
<title>无标题文档</title>
</head>

<body>
<p><a href="http://www.dssf007.com/" target="_blank">德胜书坊</a></p>
</body>
</html>
```

其中，target属性包括4种属性值：_blank、_parent、_self和_top。这4种属性值的作用如下：

- **_blank**：在新窗口打开目标链接。
- **_parent**：在上一级窗口中打开目标链接。
- **_self**：在同一个窗口中打开目标链接。
- **_top**：在浏览器的整个窗口中打开目标链接。

上手实操

实操一：制作风景介绍网页

在Dreamweaver软件中，用户可以通过添加链接实现从当前页面跳转至合适的位置，如图3-27所示。

图 3-27

设计要领

- 打开Dreamweaver软件，打开相应的素材文件。
- 选中要添加链接的文字，在"属性"面板中设置链接。
- 选中相应的标题文件，在代码中添加<h2></h2>标签和<a></a>标签，格式如下：

  `<h2><a name="名称">名称</a></h2>`

- 重复操作，完成后保存文件，按F12键预览。

实操二：创建下载链接

图 3-28

除了创建网页中的超链接外，用户还可以创建下载链接。本案例即是对这种链接的练习，图3-28为制作的页面显示效果。

设计要领

- 打开本章素材文件，选中要制作下载链接的文本。
- 在"属性"面板中进行设置，链接下载文档。
- 保存文件，按F12键预览。

第4章
利用表格布局网页

内容概要

　　Dreamweaver提供了强大的表格编辑功能。利用表格可以实现各种不同的布局方式。本章首先讲述插入表格、设置表格属性、选择表格以及编辑表格和单元格，使读者对表格有个基本的了解；接着通过几个基本实例详细讲述表格布局网页的应用。通过对本章的学习，读者可以全面了解表格的基本知识和运用表格布局网页的方法。

知识要点

- 了解表格的基本知识。
- 掌握网页中插入表格的方式。
- 掌握表格属性的设置方法。
- 掌握表格的编辑技巧。
- 熟悉利用表格的定位方式。

数字资源

【本章案例素材来源】：“素材文件\第4章”目录下

【本章案例最终文件】：“素材文件\第4章\案例精讲”目录下

案例精讲 制作公司网站页面

案／例／描／述

　　表格可以有序地整理网页中的图像、文本、动画等内容，使网页页面整洁有序。本案例将通过表格来布局网页，使页面效果更易辨识。

扫码观看视频

案／例／详／解

步骤 01 打开Dreamweaver软件，执行"站点"→"新建站点"命令，打开"站点设置对象 公司网址"对话框，在该对话框中设置"站点名称""本地站点文件夹"等参数，如图4-1所示。完成后单击"保存"按钮，新建站点。

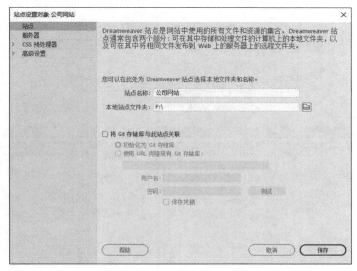

图 4-1

步骤 02 执行"窗口"→"文件"命令。打开"文件"面板，新建如图4-2所示的文件和文件夹，并将素材文件放置于images文件夹中。

步骤 03 双击"index.html"文件，打开文档窗口。

步骤 04 单击"属性"面板中的"页面属性"按钮，打开"页面属性"对话框，设置"上边距"和"下边距"参数，如图4-3所示。完成后单击"确定"按钮。

图 4-2

图 4-3

步骤 05 执行"插入"→"Table"命令，打开"Table"对话框，设置相关参数，如图4-4所示。

步骤 06 完成后单击"确定"按钮，创建一个1行1列的表格。选中创建的表格，在"属性"面板中设置居中对齐，如图4-5所示。

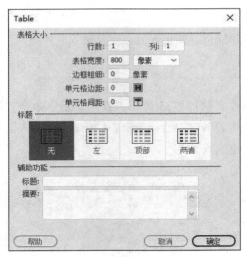

图 4-4

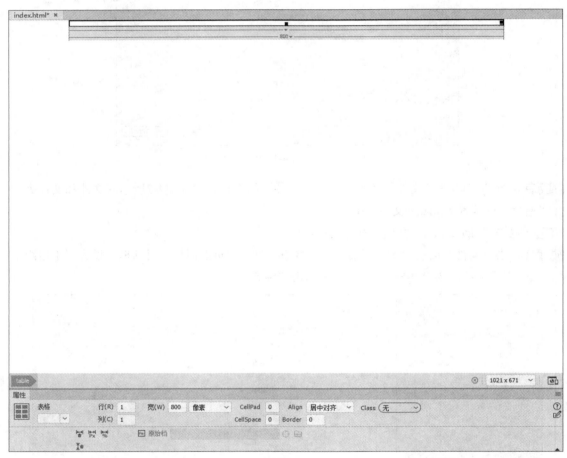

图 4-5

步骤 07 移动鼠标光标至表格中，执行"插入"→"Image"命令，打开"选择图像源文件"对话框，选择合适的素材文件，单击"确定"按钮，如图4-6所示。

步骤 08 使用相同的方法，在之前插入的表格下方再次插入一个1行8列的表格，并设置边框粗细为1像素，在"属性"面板中设置表格居中对齐，选中行，设置行高为30，效果如图4-7所示。

图 4-6

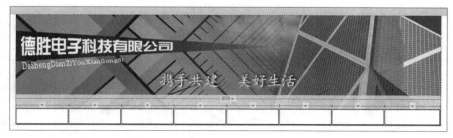

图 4-7

步骤 09 选中新插入的表格，单击"属性"面板中的"快速标签编辑器" ✎ 按钮，设置背景图片和边框颜色，如图4-8所示。

步骤 10 移动鼠标光标至新插入的表格第1列中，执行"插入"→"Div"命令，在弹出的"插入Div"对话框中单击"新建CSS规则"按钮，打开"新建CSS规则"对话框，在该对话框中设置选择器名称，并对参数进行设置，如图4-9所示。

步骤 11 完成后单击"确定"按钮，打开".a的CSS规则定义"对话框，设置参数，如图4-10所示。完成后单击"应用"和"确定"按钮，返回至"插入Div"对话框，单击"确定"按钮，完成设置。

步骤 12 在新插入的表格单元格中输入文本信息，并应用新定义的CSS样式，在"属性"面板中设置单元格"水平"为"居中对齐"，"垂直"为"居中"，效果如图4-11所示。

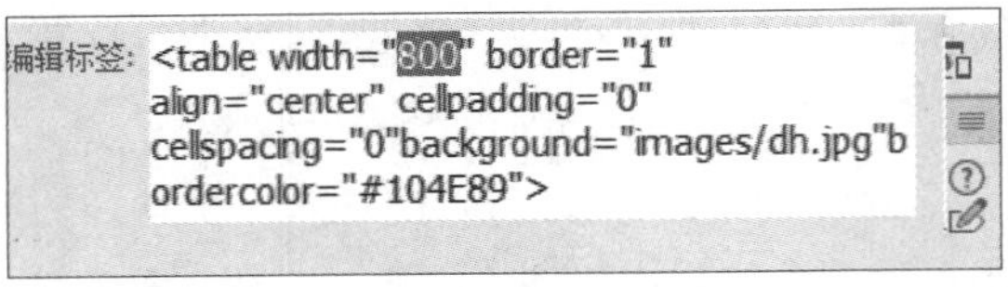

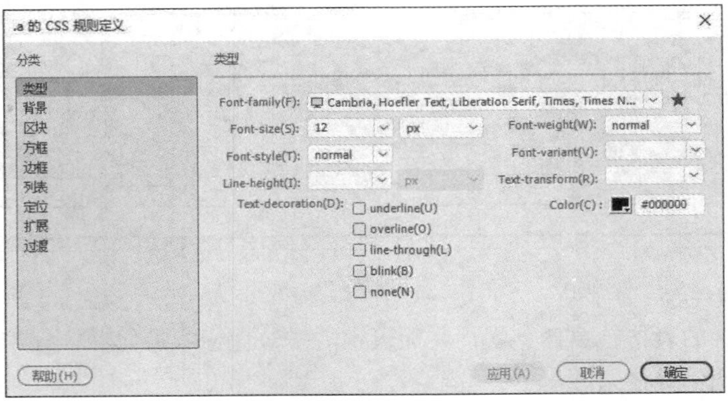

编辑标签: <table width="800" border="1"
align="center" cellpadding="0"
cellspacing="0"background="images/dh.jpg"b
ordercolor="#104E89">

图 4-8

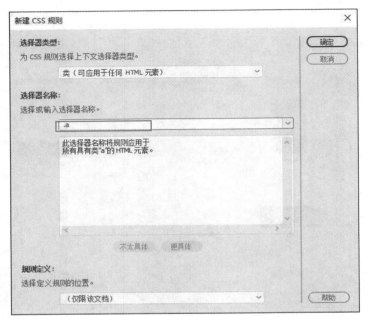

图 4-9

图 4-10

图 4-11

步骤 13 使用相同的方法，在输入文字的表格下方新插入1行1列的表格，设置相关参数，如图4-12所示。

步骤 14 移动光标至新插入的表格中，插入一个3行3列的表格，如图4-13所示。

图 4-12

图 4-13

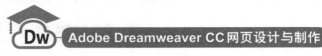

步骤 **15** 选中左侧3个单元格，右击鼠标，在弹出的快捷菜单中选择"表格"→"合并单元格"选项，合并选中的单元格，再合并右下角的两个单元格，调整其高度、宽度，效果如图4-14所示。

步骤 **16** 在左侧单元格插入一个5行1列的表格，并设置参数，如图4-15所示。

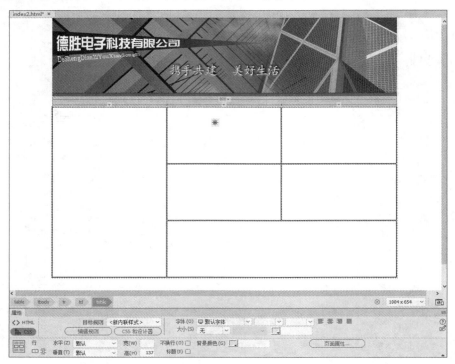

图 4-14

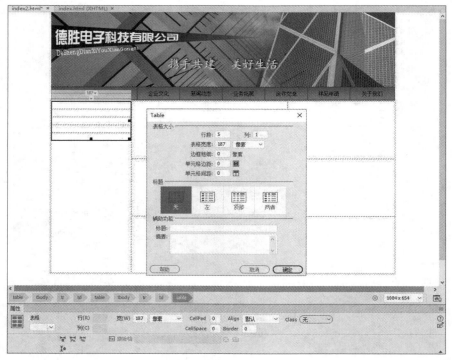

图 4-15

步骤 17 在第1个单元格插入2行2列的表格，合并第1行的两个单元格，并设置第2行的行高为25，效果如图4-16所示。

步骤 18 在新建的表格中插入图像素材和文本信息，创建并应用CSS样式.b，效果如图4-17所示。

图 4-16

图 4-17

步骤 19 移动光标至下一个单元格，执行"插入"→"HTML"→"水平线"命令，插入水平线，并设置单元格行高为18。

步骤 20 在水平线下方的单元格中插入一个2行1列的表格，在相应的位置插入图像与文本，创建并应用CSS样式.dl，效果如图4-18所示。

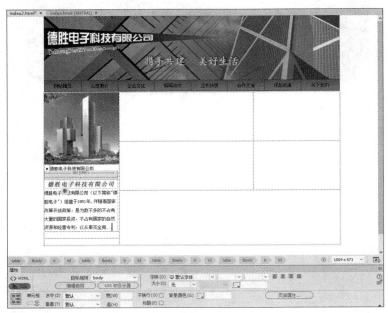

图 4-18

步骤 21 使用相同的方法，在下一个单元格插入水平线，并设置单元格高度为18。

步骤 22 在新插入水平线的下一个单元格插入一个6行2列的表格，设置行高为25，并合并第1行的两个单元格，在相应的位置插入图像，输入文本信息，应用CSS样式.b，效果如图4-19所示。

图 4-19

步骤 23 在中间列表格位置插入一个8行3列的表格，设置行高为25，并合并第1行的3个单元格，如图4-20所示。

步骤 24 选中第1个单元格，单击"属性"面板中的"快速标签编辑器" 按钮，添加代码，设置该单元格的背景图片，效果如图4-21所示。

图 4-20

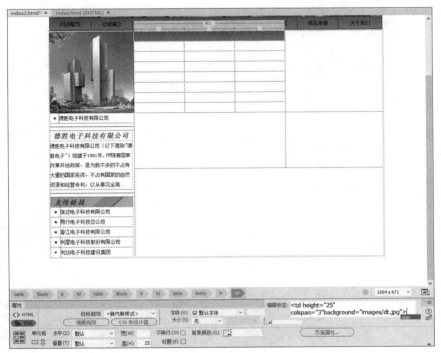

图 4-21

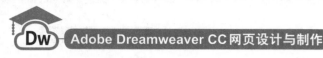

步骤 25 在该导航条单元格插入一个1行3列的表格，并调整单元格的列宽，在相应位置输入文本，如图4-22所示。

步骤 26 制作其他单元格的内容，效果如图4-23所示。

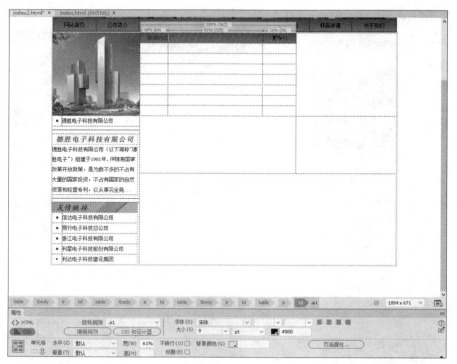

图 4-22

图 4-23

步骤 27 使用相同的方法制作另外几部分表格区域，效果如图4-24所示。其中"最新公告"下方区域用来制作滚动字幕。

步骤 28 使用相同的方法制作版权信息部分，如图4-25所示。

图 4-24

图 4-25

步骤 **29** 选择要链接的文本内容，制作超链接，如图4-26所示。

步骤 **30** 使用相同的方法制作其他文本的超链接，完成后按F12键在浏览器中预览，效果如图4-27所示。

图 4-26

图 4-27

至此，完成公司网站页面的制作。

边用边学

4.1 插入表格

表格是用在页面上显示表格式数据，以及对文本和图形进行布局的强有力的工具，Dreamweaver提供了两种查看和操作表格的方式：在"标准"模式中，表格显示为行和列的网格；而在"布局"模式中则允许将表格用作基础结构的同时，也允许在页面上绘制、调整方框的大小以及移动方框。

■4.1.1 与表格有关的术语

在开始制作表格之前，先对表格的各部分名称进行简单的介绍。

- **行、列**：一张表格的横向叫行，纵向叫列。
- **单元格**：行列交叉部分就叫做单元格。
- **边距**：单元格中的内容和边框之间的距离叫边距。
- **间距**：单元格和单元格之间的距离叫间距。
- **边框**：整张表格的边缘叫做边框。

■4.1.2 插入表格

表格由一行或多行组成，每行又由一个或多个单元格组成。在Dreamweaver中允许插入列、行和单元格，还可以在单元格内添加文字、图像和多媒体信息等网页元素。插入表格的具体操作步骤如下：

步骤01 打开网页文档，将插入点放置在插入表格的位置，如图4-28所示。

步骤02 执行"插入"→"Table（表格）"命令，弹出"Table"对话框，如图4-29所示。

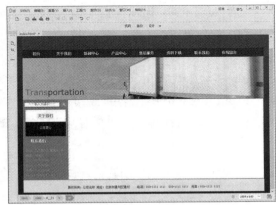

图 4-28

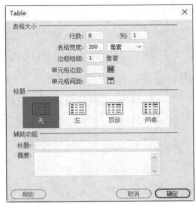
图 4-29

其中，"表格"对话框中主要选项的功能介绍如下：

- **行数、列**：在文本框中输入表格的行、列数。
- **表格宽度**：用于设置表格的宽度。右侧的下拉列表中包含百分比和像素。
- **边框粗细**：用于设置表格边框的宽度。如果设置为0，浏览时则看不到表格的边框。

- **单元格边距**：单元格内容和单元格边界之间的像素数。
- **单元格间距**：单元格之间的像素数。
- **标题样式**：可以定义表头样式，4种样式可以任选一种。

在对话框中将"行数"设置为6，"列"设置为4，"表格宽度"设置为700，如图4-30所示。单击"确定"按钮，插入表格，效果如图4-31所示。

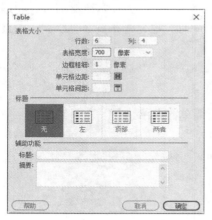

图 4-30   图 4-31

■4.1.3 表格的基本代码

在HTML语言中，表格涉及到多种标签，在此对其进行介绍。

- **\<table\>标签**：用来定义一个表格，每一个表格只有一对\<table\>和\</table\>。一个网页中可以有多个表格。
- **\<tr\>标签**：用来定义表格的行，一对\<tr\>和\</tr\>代表一行。一个表格中可以有多个行，所以\<tr\>和\</tr\>也可以在\<table\>和\</table\>中出现多次。
- **\<td\>标签**：用来定义表格中的单元格，一对\<td\>和\</td\>代表一个单元格。每行中可以出现多个单元格，即\<tr\>和\</tr\>之间可以存在多个\<td\>和\</td\>。在\<td\>和\</td\>之间，将显示表格每一个单元格中的具体内容。
- **\<th\>标签**：用来定义表格的表头，一对\<th\>和\</th\>代表一个表头。表头是一种特殊的单元格，在其中添加的文本，默认为居中并加粗（实际中并不常用）显示。

以上4个表格标签在使用时一定要配对出现，既要有开始标签，也要有结束标签。缺少其中任何一个，都将无法得到正确的结果。

表格基本结构的代码如下所示。

```
<table border="1">
    <tr>
        <td>第1行</td>
    </tr>
    <tr>
        <td>第2行</td>
    </tr>
</table>
```

上面的代码表示一个2行1列的表格，在每个行标签<tr>内，有一个单元格标签<td>，在第1行的单元格内显示"第1行"文字，在第2行的单元格内显示"第2行"文字。

通常情况下，表格需要一个标题来说明它的内容。通常浏览器都提供了一个表格标题标签<caption>，在<table>标签后立即加入<caption>标签及其内容，但是<caption>标签也可以放在表格和行标签之间的任何地方。标题可以包括任何主体内容，这一点很像表格中的单元格。

4.2 表格属性

为了使创建的表格更加美观、醒目，需要设置表格的属性，如表格的颜色或单元格的背景图像、颜色等。

■4.2.1 设置表格属性

要设置整个表格的属性，首先要选定整个表格，然后利用"属性"面板指定表格的属性，表格属性面板中各个选项的功能介绍如下：

- **表格**：表格的ID。
- **行、列**：表格中行和列的数量。
- **宽**：用于设置表格宽度。
- **CellPad**：单元格内容和单元格边界之间的像素数。
- **CellSpacec**：相邻的表格单元格间的像素数。
- **Align**：设置表格的对齐方式，包含"默认""左对齐""居中对齐"和"右对齐"4个选项。
- **Border**：表格边框的宽度。
- **Class**：对该表格设置一个CSS类。
- **清除列宽**：用于清除列宽。
- **将表格宽度转换成像素**：将表格宽由百分比转为像素。
- **将表格宽度转换成百分比**：将表格宽由像素转换为百分比。
- **清除行高**：用于清除行高。

选中插入的表格，打开"属性"面板，在"属性"面板中将表格的"填充"设置为2，"间距"设置为2，"边框"设置为1，"对齐"设置为居中对齐，如图4-32所示。

图 4-32

■4.2.2 设置单元格属性

选中某单元格，在"属性"面板中将显示该单元格的属性。单元格"属性"面板，如图4-33所示。

图 4-33

单元格属性面板中部分选项的功能介绍如下：

- **水平**：设置单元格中对象的水平对齐方式，其下拉列表中包含"默认""左对齐""居中对齐"和"右对齐"4个选项。
- **垂直**：设置单元格中对象的垂直对齐方式，包含"默认""顶端""居中""底部"和"基线"5个选项。
- **宽、高**：用于设置单元格的宽与高。
- **不换行**：表示单元格的宽度将随文字长度的增加而加长。
- **标题**：将当前单元格设置为标题行。
- **背景颜色**：用于设置表格的背景颜色。

■4.2.3 改变背景颜色

使用onmouseout、onmouseover方法可以创建鼠标经过时颜色改变的效果，具体制作步骤如下：

步骤01 打开网页文档，选中表格第1行的所有单元格，在"属性"面板中设置单元格的"背景颜色"为#FF0000。

步骤02 在代码视图中修改<td>代码为以下代码，如图4-34所示。修改代码后当鼠标光标移到单元格时背景颜色会改变。

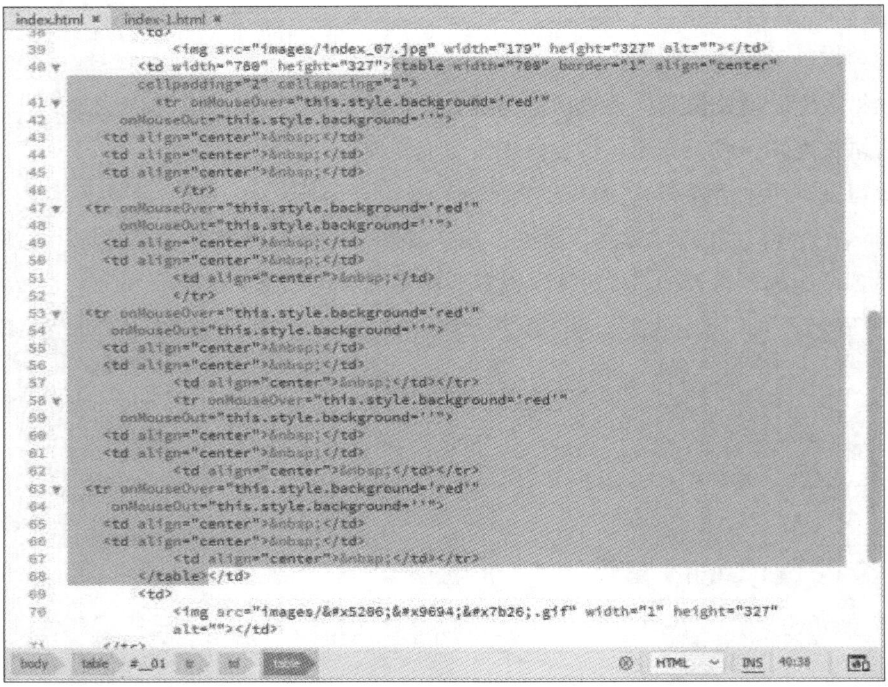

图 4-34

■4.2.4 表格的属性代码

1. width属性

用于指定表格或某一个表格单元格的宽度，单位可以是像素或百分比。

假设将表格宽度设为200像素，在定义表格的标签中加入宽度的属性和值即可，具体代码如下：

```
<table width="200" >
```

2. height属性

用于指定表格或某一个表格单元格的高度，单位可以是像素或百分比。

假设将表格高度设为50像素，在定义表格的标签中加入高度的属性和值即可，具体代码如下：

```
<table height="50" >
```

假设将某个单元格的高度设为所在表格的30%，则在该单元格标签中加入高度的属性和值即可，具体代码如下：

```
<td height="30%">
```

3. border属性

用于设置表格的边框及边框的粗细。值为0代表不显示边框；值为1或以上代表显示边框，值越大，边框越粗。

4. bordercolor属性

用于指定表格或某一个表格单元格边框的颜色。值为#加上6位十六进制数字。

假设将某个表格边框的颜色设为黑色，则具体代码如下：

```
<table bordercolor="#000000">
```

5. bordercolorlight属性

用于指定表格亮边边框的颜色。

假设将某个表格亮边边框的颜色设为绿色，则具体代码如下：

```
<table bordercolorlight="#00ff00">
```

6. bordercolordark属性

用于指定表格暗边边框的颜色。

假设将某个表格暗边边框的颜色设为蓝色，则具体代码如下：

```
<table bordercolordark="#0000ff">
```

7. bgcolor属性

用于指定表格或某一个表格单元格的背景颜色。

假设将某个单元格的背景颜色设为红色，则具体代码如下：

```
<td bgcolor="#FF0000">
```

8. background属性

用于指定表格或某一个表格单元格的背景图像。

假设将images文件夹下名称为"tu1.jpg"的图像设为某个与images文件夹同级的网页中表格的背景图像,则具体代码如下:

```
<table background="images/tu1.jpg">
```

9. cellspacing属性

用于指定单元格间距,即单元格和单元格之间的距离。

假设将某个表格的单元格间距设为5,则具体代码如下:

```
<table cellspacing="5">
```

10. cellpadding属性

用于指定单元格边距(或填充),即单元格边框和单元格中内容之间的距离。

假设将某个表格的单元格边距设为10,则具体代码如下:

```
<table cellpadding="10">
```

11. align属性

用于指定表格或某一表格单元格中内容的水平对齐方式。属性值包含left(左对齐)、center(居中对齐)和right(右对齐)三种。

假设将某个单元格中的内容设定为"居中对齐",则具体代码如下:

```
<td align="center">
```

12. valign属性

用于指定单元格中内容的垂直对齐方式。属性值有top(顶端对齐)、middle(居中对齐)、bottom(底部对齐)和baseline(基线对齐)四种。

假设将某个单元格中的内容设定为"顶端对齐",则具体代码如下:

```
<td valign="top">
```

4.3 选择表格

可以一次选择整个表、一行或一列,也可以选择一个或多个单独的单元格。当光标移动到表格、行、列或单元格上时,Dreamweaver 将高亮显示选择区域中的所有单元格,以便确切了解选中了哪些单元格。当表格没有边框、单元格跨多列或多行或者表格嵌套时,这一功能非常有用。可以在首选参数中更改高亮颜色。

■4.3.1 选择整个表格

要想对表格进行编辑,首先需选中它,选择整个表格有以下几种方法:

●打开网页文档,单击表格中任意一个单元格的边框线选择整个表格,如图4-35所示。

● 在代码视图下，找到表格代码区域，拖选整个表格代码区域（<table>和</table>标签之间的代码区域），如图4-36所示。

图 4-35

图 4-36

- 单击表格中的任一处，执行"编辑"→"表格"→"选择表格"命令；或右击单元格，从弹出的菜单中选择"表格"→"选择表格"选项选取整个表格，如图4-37所示。
- 将插入点放在表格中，单击文档窗口底部的<table>标签，选择整个表格。
- 将光标移动到表格边框的附近区域，单击即可选中，如图4-38所示。

图 4-37

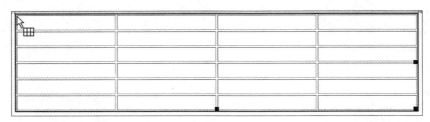

图 4-38

■4.3.2 选择一个单元格

表格中的某个单元格被选中时，该单元格的四周将出现边框。选择一个单元格有以下几种方法：

- 按住鼠标左键不放，从单元格的左上角拖至右下角，可以选择一个单元格。
- 将插入点放置在一个单元格内，按Ctrl+A组合键可以选择该单元格。
- 按住Ctrl键，然后单击单元格可以选中一个单元格，如图4-39所示。
- 将插入点放置在要选择的单元格内，单击文档窗口底部的<td>标签，可以选择一个单元格，如图4-40所示。

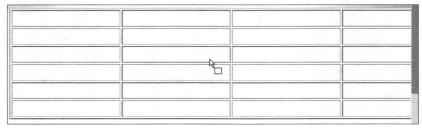

图 4-39

图 4-40

4.4 编辑表格

在网页中，表格用于网页内容的排版，如要将文字放在页面的某个位置，就可以使用表格，且可以设置表格的属性。使用表格可以清晰地显示列表数据，从而更容易阅读信息。还可以通过设置表格及表格单元格的属性或将预先设置的设计应用于表格来更改表格的外观。在设置表格和单元格的属性前，注意格式设置的优先顺序为单元格、行和表格。

■4.4.1 复制和粘贴表格

可以一次复制、粘贴单个单元格或多个单元格，并保留单元格的格式设置，也可以在插入点或现有表格中粘贴所选部分单元格。若要粘贴多个表格单元格，剪贴板的内容必须和表格的结构或表格中将粘贴的这些单元格部分兼容，具体操作步骤如下：

步骤01 打开网页文档，选中要复制粘贴的表格。

步骤02 执行"编辑"→"拷贝"命令；或右击，在弹出的菜单中选择"拷贝"选项，如图4-41所示。

步骤03 若将插入点放在单元格内，执行"编辑"→"粘贴"命令，或按Ctrl+V组合键粘贴，效果如图4-42所示。

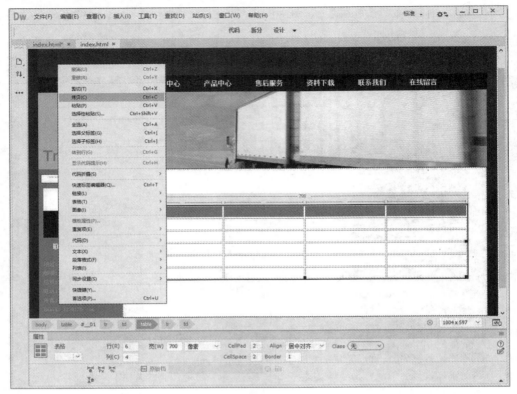

图 4-41

图 4-42

步骤 04 若将插入点放在表格外，按Ctrl+V组合键粘贴，效果如图4-43所示。

图 4-43

■ 4.4.2 添加行或列

执行"编辑"→"表格"→"插入行"命令，可以添加行；执行"编辑"→"表格"→"插入列"命令，可以添加列。添加行列的具体操作方法如下：

步骤 01 打开网页文档，将插入点放置在需增加行或列的位置，如图4-44所示。执行"编辑"→"表格"→"插入行"命令，插入一行，如图4-45所示。

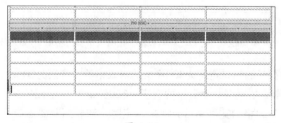

图 4-44　　　　　　　　　　　　　　　　图 4-45

步骤 02 执行"编辑"→"表格"→"插入列"命令，插入一列，效果如图4-46所示。

步骤 03 执行"编辑"→"表格"→"插入行或列"命令，在弹出的"插入行或列"对话框中进行设置，如图4-47所示。

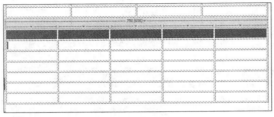

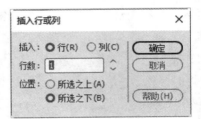

图 4-46 图 4-47

■ 4.4.3 删除行或列

执行"编辑"→"表格"→"删除行"命令,可以删除行;执行"编辑"→"表格"→"删除列"命令,可以删除列。删除行列的具体操作方法如下:

步骤01 打开网页文档,将插入点放在要删除行的位置,如图4-48所示。执行"编辑"→"表格"→"删除行"命令,即可删除此行表格。或者选中行,按Delete键直接删除,如图4-49所示。

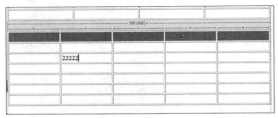

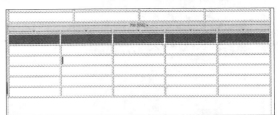

图 4-48 图 4-49

步骤02 将插入点放置在要删除列的位置,执行"编辑"→"表格"→"删除列"命令,即可删除此列表格。或者选中列,按Delete键直接删除,如图4-50和图4-51所示。

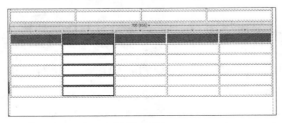

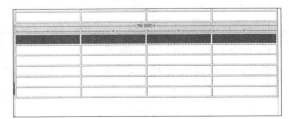

图 4-50 图 4-51

> ❗ **提示:巧妙设置表格宽度的单位**
> 设置表格宽度的单位有百分比和像素两种。如果当前打开的窗口宽度为300像素,当表格的宽度设为80%时,实际宽度为浏览器窗口宽度的80%,即为240像素。如果浏览器窗口的宽度为600像素,同样的方法可以计算出表格的实际宽度为480像素。由此可知,将表格的宽度用百分比来指定时,随着浏览器窗口宽度的变化,表格的宽度也会发生变化。与此相反,如果用像素来指定表格宽度,则它与浏览器窗口的宽度无关,总会显示一个固定的宽度。因此,缩小窗口的宽度时,有时会出现看不到全部表格的情况。

经验之谈 合并单元格

在实际应用表格的过程中，除了标准的表格外，有时还需要合并单元格，以达到更好的展示效果。在Dreamweaver软件中，合并单元格分为上下合并和左右合并两种形式，这两种合并可以通过colspan和rowspan属性实现。

1. colspan属性

在<td>标签中使用colspan属性可以合并左右单元格，其语法格式如下：

```
<td colspan="数值">单元格内容</td>
```

在应用时，选中要合并的一个单元格，在其<td>标签中增加colspan="数值"属性，并删除要合并单元格的<td>标签，即可合并单元格，如图4-52和图4-53所示。

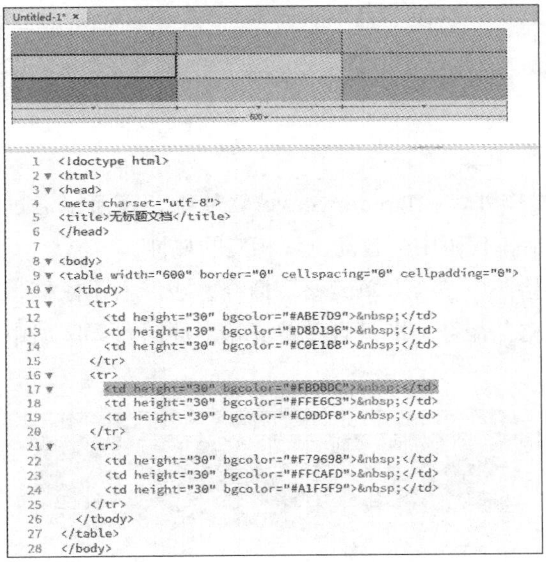

图 4-52

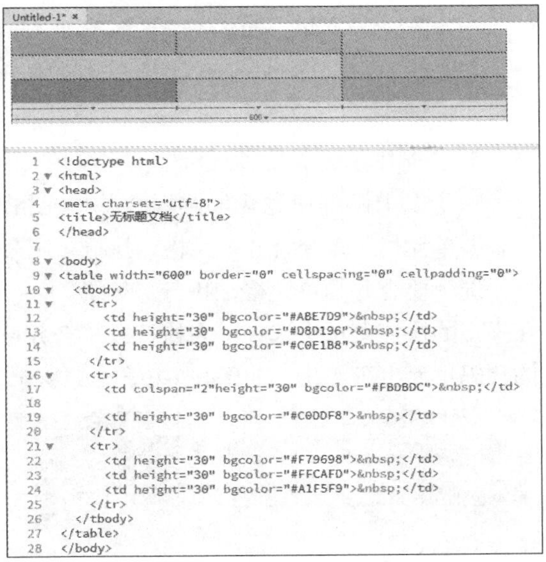

图 4-53

2. rowspan属性

在<td>标签中使用rowspan属性可以合并上下单元格，其语法格式如下：

```
<td rowspan="数值">单元格内容</td>
```

在应用时，选中要合并的一个单元格，在其<td>标签中增加rowspan="数值"属性，并删除下一行中要合并单元格的<td>标签，即可合并单元格，如图4-54和图4-55所示。

```
 1   <!doctype html>
 2 ▼ <html>
 3 ▼ <head>
 4   <meta charset="utf-8">
 5   <title>无标题文档</title>
 6   </head>
 7
 8 ▼ <body>
 9 ▼ <table width="600" border="0" cellspacing="0" cellpadding="0">
10 ▼   <tbody>
11 ▼     <tr>
12           <td height="30" bgcolor="#ABE7D9"> </td>
13           <td height="30" bgcolor="#D8D196"> </td>
14           <td height="30" bgcolor="#C0E1B8"> </td>
15         </tr>
16 ▼     <tr>
17           <td height="30" bgcolor="#FBDBDC"> </td>
18           <td height="30" bgcolor="#FFE6C3"> </td>
19           <td height="30" bgcolor="#C0DDF8"> </td>
20         </tr>
21 ▼     <tr>
22           <td height="30" bgcolor="#F79698"> </td>
23           <td height="30" bgcolor="#FFCAFD"> </td>
24           <td height="30" bgcolor="#A1F5F9"> </td>
25         </tr>
26       </tbody>
27   </table>
28   </body>
```

图 4-54

```
 1   <!doctype html>
 2 ▼ <html>
 3 ▼ <head>
 4   <meta charset="utf-8">
 5   <title>无标题文档</title>
 6   </head>
 7
 8 ▼ <body>
 9 ▼ <table width="600" border="0" cellspacing="0" cellpadding="0">
10 ▼   <tbody>
11 ▼     <tr>
12           <td height="30" bgcolor="#ABE7D9"> </td>
13           <td height="30" bgcolor="#D8D196"> </td>
14           <td rowspan="2" bgcolor="#C0E1B8"> </td>
15         </tr>
16 ▼     <tr>
17           <td height="30" bgcolor="#FBDBDC"> </td>
18           <td height="30" bgcolor="#FFE6C3"> </td>
19         </tr>
20 ▼     <tr>
21           <td height="30" bgcolor="#F79698"> </td>
22           <td height="30" bgcolor="#FFCAFD"> </td>
23           <td height="30" bgcolor="#A1F5F9"> </td>
24         </tr>
25       </tbody>
26   </table>
27   </body>
28   </html>
```

图 4-55

3. "合并单元格"命令

除了以上两种通过代码实现合并单元格的操作外，在Dreamweaver软件中，还可以通过"合并单元格"命令合并单元格，执行相应命令后，代码中会自动出现相应的属性。

选中要合并的单元格，执行"编辑"→"表格"→"合并单元格"命令，或者右击鼠标，在弹出的快捷菜单中选择"表格"→"合并单元格"命令，即可合并单元格，此时代码区域中的代码也发生了变化，如图4-56和图4-57所示。

```
 1   <!doctype html>
 2 ▼ <html>
 3 ▼ <head>
 4   <meta charset="utf-8">
 5   <title>无标题文档</title>
 6   </head>
 7
 8 ▼ <body>
 9 ▼ <table width="600" border="0" cellspacing="0" cellpadding="0">
10 ▼   <tbody>
11 ▼     <tr>
12           <td height="30" bgcolor="#ABE7D9"> </td>
13           <td height="30" bgcolor="#D8D196"> </td>
14           <td height="30" bgcolor="#C0E1B8"> </td>
15         </tr>
16 ▼     <tr>
17           <td height="30" bgcolor="#FBDBDC"> </td>
18           <td height="30" bgcolor="#FFE6C3"> </td>
19           <td height="30" bgcolor="#C0DDF8"> </td>
20         </tr>
21 ▼     <tr>
22           <td height="30" bgcolor="#F79698"> </td>
23           <td height="30" bgcolor="#FFCAFD"> </td>
24           <td height="30" bgcolor="#A1F5F9"> </td>
25         </tr>
26       </tbody>
27   </table>
28   </body>
```

图 4-56

图 4-57

上手实操

实操一：设置表格背景

在Dreamweaver软件中，用户可以在表格中添加background属性，为表格添加背景图片。本案例将练习为表格添加背景，效果如图4-58所示。

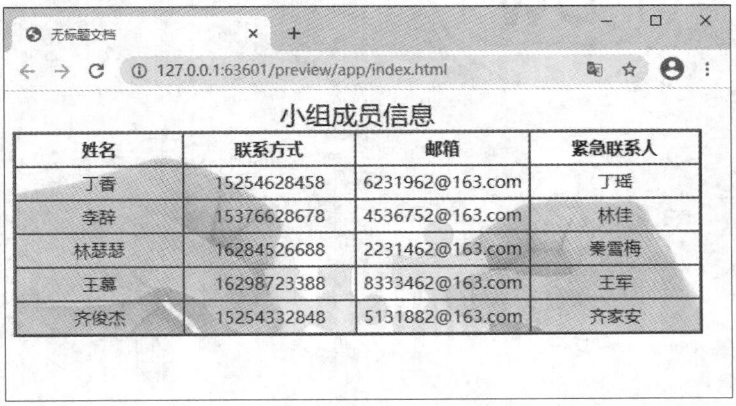

姓名	联系方式	邮箱	紧急联系人
丁香	15254628458	6231962@163.com	丁瑶
李辞	15376628678	4536752@163.com	林佳
林瑟瑟	16284526688	2231462@163.com	秦雪梅
王慕	16298723388	8333462@163.com	王军
齐俊杰	15254332848	5131882@163.com	齐家安

小组成员信息

设计要领

- 打开素材文件，移动鼠标光标至<table>标签末尾。
- 按空格键，在弹出的列表中选择background。
- 在弹出的列表中选择"浏览"选项，选择合适的文本素材。
- 保存文件，按F12键预览。

图 4-58

实操二：制作网站首页

本案例将练习使用表格制作网站首页，效果如图4-59所示。主要涉及到的知识点包括表格的插入、嵌套表格的制作、CSS样式的设置等。

设计要领

- 建立站点，新建文档，设置页面属性，保存文件。
- 插入表格与图像，在表格中重复插入表格制作嵌套表格，制作更丰富的页面效果。
- 输入文字，设置CSS样式。
- 保存文件，按F12键预览。

图 4-59

第5章
HTML 基础知识

内容概要

　　HTML是网络上应用最为广泛的语言，用HTML编写的超文本文档即为HTML文档。本章将针对HTML的基础知识进行讲解。通过本章的学习，可以帮助读者更好地认识和理解HTML。

知识要点

- 认识HTML。
- 了解HTML5语法知识。
- 掌握HTML元素。

数字资源

【本章案例素材来源】："素材文件\第5章"目录下

【本章案例最终文件】："素材文件\第5章\案例精讲"目录下

案例精讲 制作网页结构

案/例/描/述

　　HTML语言是用于描述网页的语言，是制作网页的基础语言，通过HTML语言，可以描述超文本中内容的显示方式。本案例将通过HTML语言制作简单的网页结构页面。

扫码观看视频

案/例/详/解

步骤 01 打开Dreamweaver软件，执行"文件"→"新建"命令，新建网页文档，如图5-1所示。

步骤 02 切换至"代码"视图，并输入以下代码。

```
<!doctype html>
<html>
<head>
<meta charset="utf-8">
<title>制作网页</title>

</head>
    <style type="text/css">
            #header,#sideLeft,#sideRight,#footer{
                border:1px solid blue;
                padding:10px;
                margin:6px;
                text-align: center;
            }
            #header{ width: 500px;}
            #sideLeft{
                float: left;
                width: 150px;
                height: 200px;
                line-height: 200px;
            }
            #sideRight{
                float: left;
                width: 315px;
                height: 200px;
                line-height: 200px;
            }
            #footer{
                clear:both;
                width:500px;
            }
    </style>
<body>
            <div id="header">导航条</div>
            <div id="sideLeft">项目</div>
```

```
              <div id="sideRight">正文</div>
              <div id="footer">版权信息</div>
</body>
</html>
```

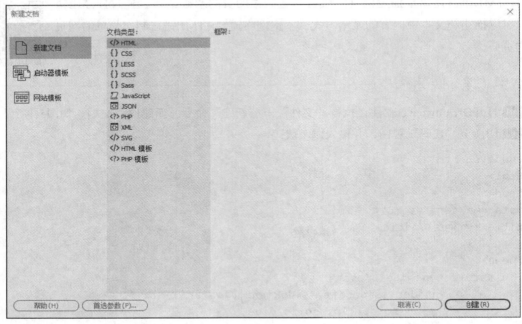

图 5-1

步骤 03 切换至"设计"视图，按F12键在浏览器中预览，效果如图5-2所示。

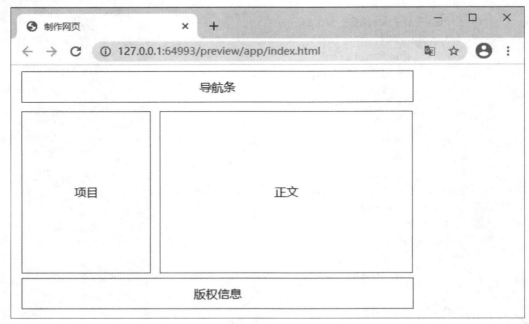

图 5-2

至此，完成网页结构页面的制作。

边用边学

5.1 认识HTML

HTML的英文全称是Hyper Text Markup Language，中文名称为超文本标记语言，是全球广域网上描述网页内容和外观的标准。HTML被用来结构化信息，例如标题、段落和列表等等，也可用来在一定程度上描述文档的外观和语义。最初由Tim Berners-Lee（蒂姆•伯纳斯-李）给出原始定义，后由IETF（互联网工程工作小组）用简化的SGML（标准通用标记语言）语法进一步规范并发布为HTML，后来逐步发展成为国际标准，由万维网联盟（W3C）维护。

HTML5是超文本标记语言（HTML）的第五次重大修改后的版本。较以前的版本，HTML5不仅用来表示Web内容，其新功能还会将Web带进一个新的成熟的平台。在HTML5中，视频、音频、图像、动画、以及同计算机的交互都被标准化。HTML5添加了很多的语法元素，其中包括audio、video和canvas元素，同时还集成了SVG内容。这些元素是为了更容易在网页中添加并处理多媒体和图片内容而添加的。其他新的元素还包括section、article、header、nav和footer，这些元素丰富了文档的数据内容。添加新的属性也是为了同样的目的，同时API和DOM已经成为HTML5中的基础部分。HTML5还定义了处理非法文档的具体细节，使得所有浏览器和客户端能都一致地处理语法的错误。

5.2 HTML5的优势

与以往的HTML版本不同，HTML5在字符集、元素和属性等方面做了大量改进。本节将针对HTML5的一些优势进行介绍，以便为后面的编程之路做好铺垫。

■5.2.1 强大的交互性

HTML5与之前的版本相比，在交互性上做了很大的改进。以前所见的页面中的文字是不能修改的，只能浏览，而在HTML5中只需添加一个contenteditable属性，即可将所见的页面内容变为可编辑的。

打开Dreamweaver软件，新建文档，在代码区输入以下代码。

```
<!doctype html>
<html>
<head>
<meta charset="utf-8">
<title>无标题文档</title>
</head>
<body>
<p>会者定离，一期一祈</p>
<p contenteditable="true">会者定离，一期一祈</p>
</body>
</html>
```

按F12键浏览，效果如图5-3所示。

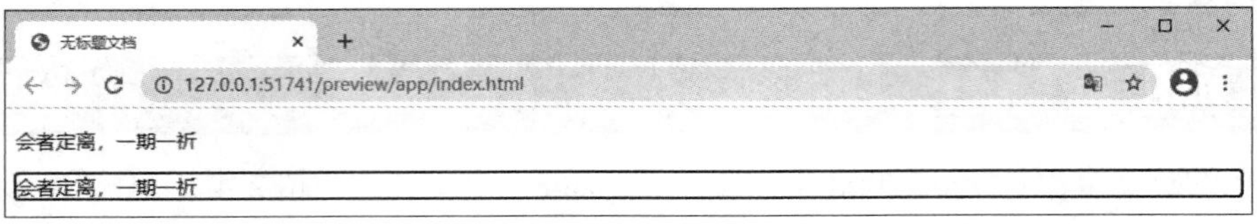

图 5-3

除了便于用户操作外，HTML5对开发者也非常友好，开发人员通过一些属性可节省大量的时间和精力。同时，通过vedio等属性也缓解了浏览器的负担，可减少插件的安装。

■5.2.2 使用HTML5的优势

选择HTML5的原因是因为HTML5有以下优势。

（1）简单。

HTML5使得创建网站更加简单。新的HTML标签像<header>、<footer>、<nav>、<section>、<aside>等，使得阅读者更容易去访问内容。以前，即使定义了class或者id，读者也没有办法去了解给出的一个div究竟是什么。使用新的语义标签，读者可以更好地了解HTML文档，并且也有更好的使用体验。

（2）视频和音频支持。

在HTML5中可以直接使用标签<video>和<audio>来访问资源，从而避免安装flash等第三方插件。在HTML5中，视频和音频标签基本将它们视为图片：<video src=" "/>，并且可以定义其他参数，例如宽度、高度或者自动播放：<video src="url" width="960px" height="640px" autoplay/>。

HTML5可以帮助用户把以前非常烦琐的过程变得非常简单，然而一些过时的浏览器可能对HTML5的支持度并不是很友好，需要添加更多代码来让它们正确工作。但是这个代码还是比<embed>和<object>要简单得多。

（3）文档声明。

不需要复制粘贴一堆无法理解的代码，也没有多余的<head>标签。不止简单，它还能在每一个浏览器中正常工作。

（4）代码结构清晰，语义明确。

HTML5可以帮助用户写出简单清晰又富于描述含义的代码。符合语义学的代码可以将样式和内容分开，如典型的拥有导航的简单header代码。

```
<div id="header">
<h1>Header Text</h1>
<div id="nav">
<ul>
    <li><a href="#">Link</a></li>
    <li><a href="#">Link</a></li>
    <li><a href="#">Link</a></li>
</ul>
</div>
```

```
</div>
```

使用HTML5会使得代码更加简单且富有含义。

```
<header>
<h1>Header Text</h1>
<nav>
<ul>
    <li><a href="#">Link</a></li>
    <li><a href="#">Link</a></li>
    <li><a href="#">Link</a></li>
</ul>
</nav>
</header>
```

在HTML5中，可以使用<header>标签来描述内容以解决div及class定义的问题。以前需要大量使用div来定义每一个页面内容区域，但是使用新的<section>、<article>、<header>、<footer>、<aside>和<nav>标签，可以让代码更加清晰且易于阅读。

（5）强大的本地存储。

HTML5中引入了新特性——本地存储，这是一个非常炫酷的新特性。有一点像比较老的技术cookie和客户端数据库的融合。但是它比cookie更好用，存储量也更大，因为支持多个windows存储，它拥有更好的安全和性能，而且浏览器关闭后数据也可以保存。

本地存储即保存数据到用户的浏览器中，它是HTML5中一个不需要第三方插件就能实现的功能。浏览器能够实现本地存储意味着可以简单地创建一些应用特性，例如，保存用户信息、缓存数据、加载用户上一次的应用状态等。

（6）交互升级。

人们都喜欢交互性好的页面，偏好于对于用户有反馈的动态网站，用户可以享受互动的过程。HTML5中的<canvas>标签允许用户制作更多的互动功能和动画，如经典游戏"水果忍者"就可以通过canvas的画图功能来实现。

（7）HTML5游戏。

前几年，基于HTML5开发的游戏非常火爆。近两年，虽然基于HTML5的游戏已经受到了不小的冲击，但是如果能找到合适的盈利模式，HTML5依然还是手机端开发游戏的首选技术。

（8）移动互联网。

如今移动设备已经占领世界，这意味着今后传统的PC机器将会面临巨大的挑战。人们的生活基本上只需要一部智能手机即可被安排得妥妥当当，现在还有多少年轻人不会使用手机支付的？还有多少人不会使用手机端订购外卖的？HTML5是最适合进行移动化开发的工具。随着Adobe宣布放弃移动flash开发，用户将会考虑使用HTML5来开发Web应用。当手机浏览器完全支持HTML5时，用HTML5开发移动项目就会和设计更小的触摸显示一样简单了。HTML5中有很多的<meta>标签允许用户优化在移动设备上的开发。

5.3　HTML5语法

HTML5以化繁为简为准则对文档的类型和字符说明等都进行了简化，下面分别对此进行介绍。

■5.3.1　文档类型声明

DOCTYPE声明是HTML文件中必不可少的，位于文件第一行，在HTML4中，它的声明方式如下：

```
<!DOCTYPE html PUBLIC "-//W3C//DTD XHTML5.0 Transitional//EN" "http://www.
w3.org/TR/xhtml1/DTD/xhtml1-transitional.dtd">
```

在HTML5中，刻意不使用版本声明，一份文档将会试用于所有版本的HTML。HTML5中的DOCTYPE声明方式（不区分大小写）如下：

```
<!DOCTYPE html>
```

另外，当使用工具时，也可以在DOCTYPE声明方式中加入SYSTEM识别符，其声明方式如下：

```
<!DOCTYPE HTML SYSTEM "about:legacy-compat">
```

在HTML5中，这样的DOCTYPE声明方式是允许的，它不区分大小写，引号也不区分单引号和双引号。

> ❗ 提示：DOCTYPE
> 使用HTML5的DOCTYPE会触发浏览器以标准兼容模式显示页面。网页一般都有多种显示模式，浏览器会根据DOCTYPE来识别该使用哪种模式，以及使用什么规则来验证页面。

■5.3.2　字符编码

在HTML4中，使用meta元素指定文件中的字符编码，如下所示。

```
<meta http-equiv="Content-Type" content="text/html; charset=utf-8" >
```

在HTML5中，可以使用对meta元素直接追加charset属性的方式来指定字符编码，如下所示。

```
<meta charset="utf-8">
```

两种方法都有效，可以继续使用前面一种方式，即通过content元素的属性来指定，但是不能同时混合使用两种方式。在以前的网站代码中可能会存在下面代码的标记方式，但在HTML5中，下面这种字符编码方式将被认为是错误的。

```
<meta charset="utf-8" http-equiv="Content-Type" content="text/html; charset=utf-8" >
```

从HTML5开始，对于文件的字符编码推荐使用UTF-8。

■5.3.3　省略引号

属性两边既可以用双引号，也可以用单引号。HTML5在此基础上做了一些改进，当属性值不包括空字符串、<、>、=、单引号、双引号等字符时，属性值两边的引号可以省略。例如，下面的写法都是合法的。

```
<input type="text">
<input type='text'>
<input type=text>
```

5.4　HTML5的元素分类

HTML5新增了很多个元素，也废除了不少元素，根据现有的标准规范，把HTML5的元素按等级定义为结构性元素、级块性元素、行内语义性元素和交互性元素四大类。接下来将针对这四类元素进行简单的介绍。

■5.4.1　结构性元素

结构性元素主要负责Web的上下文结构的定义，以确保HTML文档的完整性，这类元素包括以下几个：

- **Section**：在Web页面应用中，该元素也可以用于区域的章节表述。
- **Header**：页面主体上的头部，注意区别于head元素。可以给初学者提供一个判断两者间区别的小技巧，head元素中的内容往往是不可见的，header元素往往放在一对body元素中。
- **Footer**：页面底部，通常会在这里标出网站的一些相关信息，例如，关于我们、法律声明、邮件信息和管理入口等。
- **Nav**：是专门用于菜单导航、链接导航的元素。它是navigator的缩写。
- **Article**：用于表示一篇文章的主体内容，即一般文字集中显示的区域。

■5.4.2　级块性元素

级块性元素主要完成Web页面区域的划分，确保内容的有效分隔，这类元素包括以下几个：

- **Aside**：用以表示注记、贴士、侧栏、摘要、插入的引用等作为补充主体的内容。从一个简单页面显示上看，就是侧边栏，可以在左边，也可以在右边。从一个页面的局部看，就是摘要。
- **Figure**：是对多个元素组合并展示的元素，通常与figcaption联合使用。
- **Code**：表示一段代码块。
- **Dialog**：用于表达人与人之间的对话，该元素还包括dt和dd这两个组合元素，它们常常同时使用，dt用于表示说话者，而dd则用来表示说话者说的内容。

■5.4.3 行内语义性元素

行内语义性元素主要完成Web页面具体内容的引用和表示，是丰富内容展示的基础，这类元素包括以下几个：

- **Meter**：表示特定范围内的数值，可用于工资、数量、百分比等。
- **Time**：表示时间值。
- **Progress**：用来表示进度条，可通过max、min、step等属性进行控制，完成进度的表示和监视。
- **Video**：视频元素，用于支持和实现视频文件的直接播放，支持缓冲预载和多种视频媒体格式，如MPEG-4、OGGV和WEBM等。
- **Audio**：音频元素，用于支持和实现音频文件的直接播放，支持缓冲预载和多种音频媒体格式。

■5.4.4 交互性元素

交互性元素主要用于功能性的内容表达，会有一定的内容和数据的关联，是各种事件的基础，这类元素包括以下几个：

- **Details**：用来表示一段具体的内容，但是内容默认可能不显示，通过某种手段（如单击）或legend交互才会显示。
- **Datagrid**：用来控制客户端数据的显示，可以由动态脚本及时更新。
- **Menu**：主要用于交互表单。
- **Command**：用来处理命令按钮。

5.5 HTML5中新增的元素

利用HTML5中新增加的一些元素，前端设计人员可以更加省力和高效地制作出好看的网页。本节将介绍一些新增元素的使用方法。

■5.5.1 section元素

section元素用于定义文档中的节（section、区段）。比如章节、页眉、页脚或文档中的其他部分。

在HTML4中，div元素与section元素具有相同的功能，其语法格式如下：

```
<div>...</div>
```

在HTML5中，section元素的语法格式如下：

```
<section>...</section>
```

示例代码如下：

```
<!DOCTYPE html>
<html lang="en">
```

```
<head>
<meta charset="UTF-8">
<title>section元素</title>
<style>
h1,p{text-align: center;}
</style>
</head>
<body>
<section>
<h1>《诗经·周南·桃夭》</h1>
<p>桃之夭夭，灼灼其华。</p>
<p>之子于归，宜其室家。</p>
<p>桃之夭夭，有蕡其实。</p>
<p>之子于归，宜其家室。</p>
<p>桃之夭夭，其叶蓁蓁。</p>
<p>之子于归，宜其家人。</p>
</section>
</body>
</html>
```

运行该代码的效果如图5-4所示。

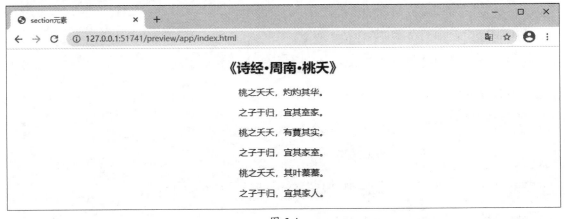

图 5-4

> **❗提示：section元素的适用范围**
> 对于那些没有标题的内容，不推荐使用section元素。section元素强调的是一个专题性的内容，一般会带有标题。当元素内容聚合起来表示一个整体时，应该使用article元素替代section元素。section元素应用的典型情况：文章的章节标签对话框中的标签页，或者网页中有编号的部分。section元素不仅仅是一个普通的容器元素，一般来说，当元素内容明确出现在文档大纲中时，section就是适用的。只有当section元素只是为了样式或者方便脚本使用时，这时换为使用div更合适。

■5.5.2 article元素

<article>标签一般用于文章区块，定义外部的内容。

外部内容可以是来自一个外部新闻提供者提供的一篇新文章，或者是来自博客的文本，或者是来自论坛的文本，亦或是来自其他的外部源内容。

在HTML4当中，div元素与article元素具有相同的功能，其语法格式如下：

```
<div>...</div>
```

在HTML5中，article元素的语法格式如下：

```
< article >...</article >
```

示例代码如下：

```
< article > Dreamweaver学习指南</article >
```

■5.5.3 aside元素

<aside>标签用于表示article元素内容之外的，并且与aside元素的内容相关的一些辅助信息。

在HTML4当中，div元素与aside元素具有相同的功能，其语法格式如下：

```
<div>...</div>
```

在HTML5中，aside元素的语法格式如下：

```
< aside >...</ aside >
```

示例代码如下：

```
<!DOCTYPE html>
<html>
<head>
<meta charset="utf-8">
<meta http-equiv="X-UA-Compatible" content="IE=edge">
<title>aside元素</title>
<link rel="stylesheet" href="">
</head>
<body>
<article>
<h1>诗经•周南•桃夭</h1>
<p>名家点评</p>
<aside>宋代朱熹《诗集传》："文王之化，自家而国，男女以正，婚姻以时，故诗人因所见以起兴，
而叹其女子之贤，知其必有以宜其室家也。""然则桃之有华（花），正婚姻之时也。"
清代方玉润《诗经原始》："《桃夭》不过取其色以喻'之子'，且春华初茂，即芳龄正盛时耳，故以为
比。"
</aside>
</article>
</body>
</html>
```

运行该代码的效果如图5-5所示。

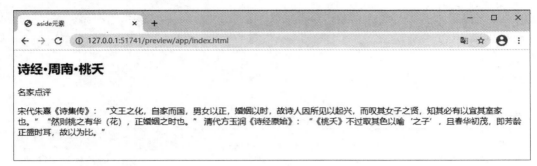

图 5-5

■5.5.4　header元素

<header> 标签表示页面中一个内容区域或整个页面的标题。

在HTML4当中，div元素与header元素具有相同的功能，其语法格式如下：

```
<div>...</div>
```

在HTML5中，header元素的语法格式如下：

```
<header>...</header>
```

■5.5.5　fhgroup元素

<fhgroup> 标签用于组合整个页面或页面中一个内容区块的标题。

在HTML4当中，div元素与fhgroup元素具有相同的功能，其语法格式如下：

```
<div>...</div>
```

在HTML5中，fhgroup元素的语法格式如下：

```
<fhgroup>...</fhgroup>
```

■5.5.6　footer元素

<footer> 标签用于组合整个页面或页面中一个内容区块的脚注。

在HTML4当中，div元素与footer元素具有相同的功能，其语法格式如下：

```
<div>...</div>
```

在HTML5中，footer元素的语法格式如下：

```
<footer>...</footer>
```

示例代码如下：

```
<footer>
<ul>
<li>第一章</li>
```

```
    <li>第二章</li>
    <li>第三章</li>
    <li>第四章</li>
    <li>第五章</li>
</ul>
</footer>
```

运行该代码的效果如图5-6所示。

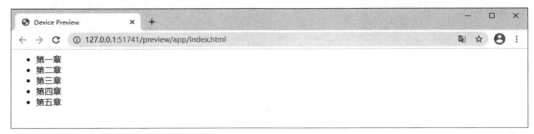

图 5-6

■5.5.7 nav元素

<nav> 标签用于定义导航链接的部分。

在HTML4当中，使用ul元素替代nav元素，其语法格式如下：

```
<ul>...</ul>
```

在HTML5中，nav元素的语法格式如下：

```
<nav>...</nav>
```

■5.5.8 figure元素

<figure> 标签用于对元素进行组合。

在HTML4当中，示例代码如下：

```
<dl>
<h1>HTML5</h1>
<p>Dreamweaver 指南</p>
</dl>
```

在HTML5中，figure元素的使用范例如下：

```
<figure>
<figcaption>HTML5</figcaption>
<p> Dreamweaver 指南</p>
</figure>
```

■5.5.9 video元素

<video> 标签用于定义视频，例如电影片段等。

在HTML4当中，示例代码如下：

```
<object data="movie.mp4" type="video/mp4">
<param name="" value="movie.mp4">
</object>
```

在HTML5中，video元素的使用范例如下：

```
<video width="1920" height="1080" controls>
<source src="movie.mp4" type="video/mp4">
<source src="movie.ogg" type="video/ogg">
您的浏览器不支持video标签。
</video>
```

■5.5.10 audio元素

<audio> 标签用于定义音频，例如歌曲片段等。

在HTML4当中，示例代码如下：

```
<object data="music.mp3" type="application/mp3">
<param name="" value="music.mp3">
</object>
```

在HTML5中，audio元素的使用范例如下：

```
<audio controls>
<source src="music.mp3" type="audio/mp4">
<source src="music.ogg" type="audio/ogg">
您的浏览器不支持audio标签。
</audio>
```

■5.5.11 embed元素

<embed> 标签用于定义嵌入的内容，比如插件。

在HTML4当中，示例代码如下：

```
<object data="flash.swf" type="application/x-shockwave-flash"></object>
```

在HTML5中，embed元素的使用范例如下：

```
<embed src="helloworld.swf" />
```

■5.5.12 mark元素

<mark>标签主要用于突出显示部分文本。

在HTML4当中，span元素与mark元素具有相同的功能，其语法格式如下：

```
<span>...</span>
```

示例代码如下：

```
<span>HTML5技术的运用</span>
```

在HTML5中，mark元素的语法格式如下：

```
<mark>...</mark>
```

示例代码如下：

```
<mark>HTML5技术的运用</mark>
```

■ 5.5.13 progress元素

<progress>标签表示运行中的进程，可以使用progress元素来显示JavaScript中耗费时间函数的进程。

在HTML5中，progress元素的语法格式如下：

```
<progress>...</progress>
```

progress元素是HTML5中新增的元素，HTML4中没有与之相应的元素。

■ 5.5.14 meter元素

<meter>标签表示度量衡，仅用于已知最大值和最小值的度量。

在HTML5中，meter元素的语法格式如下：

```
<meter>...</meter>
```

meter元素是HTML5中新增的元素，HTML4中没有与之相应的元素。

■ 5.5.15 time元素

<time>标签表示日期和时间。

在HTML5中，time元素的语法格式如下：

```
<time>...</time>
```

time元素是HTML5中新增的元素，HTML4中没有与之相应的元素。

■ 5.5.16 wbr元素

<wbr> (Word Break Opportunity) 标签规定在文本中的何处适合添加换行符。

在HTML5中，wbr元素的语法格式如下：

```
...<wbr>...
```

示例代码如下：

```
<p>尝试缩小浏览器窗口，以下段落的 "XMLHttpRequest" 单词会被分行：</p>
<p>学习 AJAX ,您必须熟悉 <wbr>Http<wbr>Request 对象。</p>
<p><b>注意：</b> IE 浏览器不支持 wbr 标签。</p>
```

wbr元素是HTML5中新增的元素，HTML4中没有与之相应的元素。

■5.5.17　canvas元素

<canvas> 标签用于定义图形，比如图表和其他图像，必须使用脚本来绘制图形。

在HTML5中，canvas元素的用法示例如下：

```
<canvas id="myCanvas" width="500" height="500"></canvas>
```

canvas 元素是HTML5中新增的元素，HTML4中没有与之相应的元素。

■5.5.18　command元素

<command> 标签用于定义用户可能调用的命令（比如单选按钮、复选框或按钮）。

在HTML5中，command元素的用法示例如下：

```
<command onclick="cut()" label="cut"/>
```

command 元素是HTML5中新增的元素，HTML4中没有与之相应的元素。

■5.5.19　datalist元素

<datalist> 标签规定了<input>标签可用的选项列表。datalist元素通常与input元素配合使用。

在HTML5中，datalist元素的用法示例如下：

```
<input list="browsers">
<datalist id="browsers">
    <option value="Internet Explorer">
    <option value="Firefox">
    <option value="Chrome">
    <option value="Opera">
    <option value="Safari">
</datalist>
```

datalist元素是HTML5中新增的元素，HTML4中没有与之相应的元素。

■5.5.20　details元素

<details> 标签规定了用户可见或者隐藏的需求的补充细节。

<details> 标签是用于供用户开启或关闭的交互式控件。任何形式的内容都能放在 <details> 标签里边。details元素的内容默认对用户是不可见的，除非设置了 open 属性。

在HTML5中，details元素的用法示例如下：

```
<details>
<summary>Copyright 1999-2015.</summary>
<p> - by Refsnes Data. All Rights Reserved.</p>
<p>All content and graphics on this web site are the property of the
company Refsnes </p>
</details>
```

details元素是HTML5中新增的元素，HTML4中没有与之相应的元素。

■5.5.21 datagrid元素

<datagrid> 标签表示可选数据的列表，它以树形列表的形式来显示。

在HTML5中，datagrid元素的语法格式如下：

```
<datagrid>...</datagrid>
```

datagrid元素是HTML5中新增的元素，HTML4中没有与之相应的元素。

■5.5.22 keygen元素

<keygen> 标签用于生成密钥。

在HTML5 中，keygen元素的用法示例如下：

```
< keygen name="security">
```

keygen元素是HTML5中新增的元素，HTML4中没有与之相应的元素。

■5.5.23 output元素

<output> 标签表示不同类型的输出，例如，脚本的输出。

在HTML5中，output元素的语法格式如下：

```
<output>...</output>
```

在HTML4中，span元素与output元素具有相同的功能，其语法格式如下：

```
<span>...</span>
```

■5.5.24 source元素

<source>标签用于为媒介元素定义媒介资源。

在HTML5中，source元素的示例代码如下：

```
<source type=" " src=" " />
```

在HTML4中，与source功能相同的对应的示例代码如下：

```
<param>
```

■5.5.25 menu元素

<menu>标签表示菜单列表，当希望列出表单控件时使用该标签。

在HTML5中，menu元素的示例代码如下：

```
<menu>
    <li>items01</li>
    <li>items02</li>
</menu>
```

经验之谈 使用记事本制作 HTML 文件

HTML是一种标记语言，在计算机系统中，可以使用记事本编写HTML文件，如图5-7所示。

图 5-7

将其另存为.html文件，如图5-8所示。

图 5-8

该记事本中的代码如下：

```
<!doctype html>
<html>
<head>
<meta charset="utf-8">
<title>无标题文档</title>
</head>
```

```
<body>
<table width="600" border="0" cellspacing="5" cellpadding="2">
  <tbody>
    <tr>
      <td align="center" valign="middle" style="font-size: 24px">清平调·其一</td>
    </tr>
    <tr>
      <td align="center" valign="middle" style="font-size: 14px">唐 李白</td>
    </tr>
    <tr>
      <td align="center" valign="middle" style="font-size: 18px">云想衣裳花想容，
春风拂槛露华浓。 <br>
      若非群玉山头见，会向瑶台月下逢。</td>
    </tr>
  </tbody>
</table>
</body>
</html>
```

保存后在文件夹中打开此文件，即可在浏览器中预览效果，如图5-9所示。

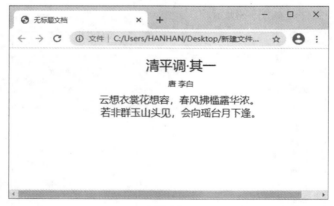

图 5-9

上手实操

实操一：使用HTML制作列表

HTML语言中还包括一些全局属性，即可用于任意HTML元素的属性。本案例将通过其中一些全局属性，制作可编辑文档，如图5-10所示。

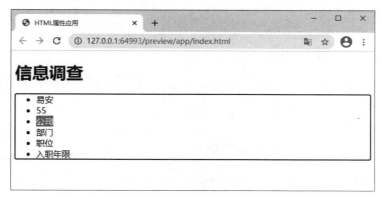

图 5-10

设计要领

● 打开Dreamweaver软件，新建网页文档。

● 输入代码，按F12键进行预览。代码如下：

```
<!doctype html>
<html>
<head>
<meta charset="utf-8">
<title>HTML属性应用</title>
</head>

<body>
<h1>信息调查</h1>
<ul contenteditable="true">
  <li>姓名</li>
  <li>年龄</li>
  <li>公司</li>
  <li>部门</li>
  <li>岗位</li>
  <li>入职年限</li>
</ul>
</body>
</html>
```

实操二：使用Dreamweaver软件生成HTML代码

除了输入代码制作效果外，通过Dreamweaver软件中的命令与操作，可以自动生成代码，如图5-11和图5-12所示。

```
index.html* ×
 1    <!doctype html>
 2 ▼  <html>
 3 ▼  <head>
 4    <meta charset="utf-8">
 5    <title>无标题文档</title>
 6    </head>
 7
 8 ▼  <body>
 9 ▼  <table width="1080" border="0" cellspacing="0" cellpadding="0">
10 ▼    <tbody>
11 ▼      <tr>
12          <td align="center" valign="middle"><img src="Image/01.jpg" width="960" height="640" alt=""/></td>
13        </tr>
14 ▼      <tr>
15          <td align="center" valign="middle">图2-9 鸟</td>
16        </tr>
17      </tbody>
18    </table>
19    </body>
20    </html>
21
```

图 5-11

图 5-12

设计要领

- 打开Dreamweaver软件，新建网页文档。
- 执行"插入"→"Table"命令，插入2行1列表格。
- 在第1行表格中，执行"插入"→"Image"命令，插入图像。
- 在第2行表格中，输入文字，并进行调整。
- 切换至"代码"视图查看代码。
- 按F12键预览效果。

第**6**章

利用 CSS 美化网页

内容概要

　　CSS（Cascading Style Sheet，层叠样式表）是一种用于控制网页元素样式显示的标记性语言，是目前流行的网页设计技术。与传统的使用HTML技术布局网页相比，CSS可以实现网页内容和网页外观的分离，同一个网页应用不同的CSS，会呈现不同的效果，这样极大的方便了网页设计人员。

知识要点

- CSS样式设置的方法。
- 为网页添加外联样式表的方法。
- 为网页添加内嵌样式表的方法。
- 为网页添加CSS滤镜的方法。

数字资源

【本章案例素材来源】："素材文件\第6章"目录下
【本章案例最终文件】："素材文件\第6章\案例精讲"目录下

案例精讲 美化家居网页

案/例/描/述

CSS样式可以美化排版后的网页，使网页看起来更加美观。本案例将通过添加CSS样式美化网页，使页面布局更加合理。

扫码观看视频

案/例/详/解

步骤 01 打开Dreamweaver软件，执行"文件"→"打开"命令，打开本章源文件素材，如图6-1所示。

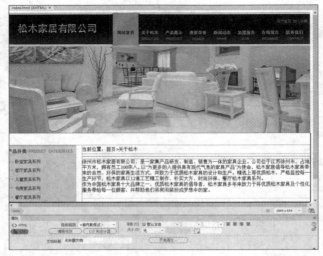

图 6-1

步骤 02 执行"插入"→"Div"命令，在弹出的"插入Div"对话框中单击"新建CSS规则"按钮，打开"新建CSS规则"对话框，并对参数进行设置，如图6-2所示。

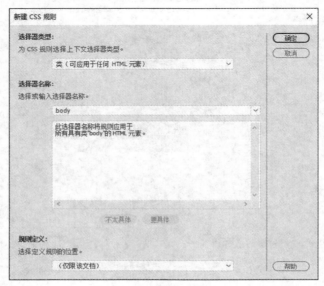

图 6-2

步骤 03 完成后单击"确定"按钮，打开"body的CSS规则定义"对话框，选择"类型"选项卡设置参数，如图6-3所示。

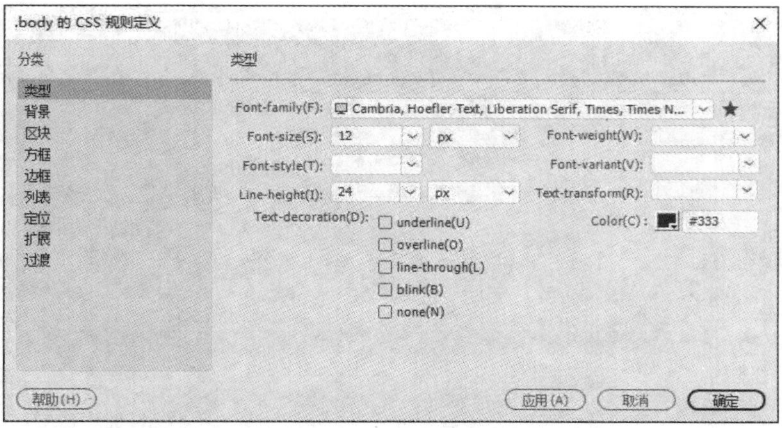

图 6-3

步骤 04 切换至"背景"选项卡，设置参数，如图6-4所示。

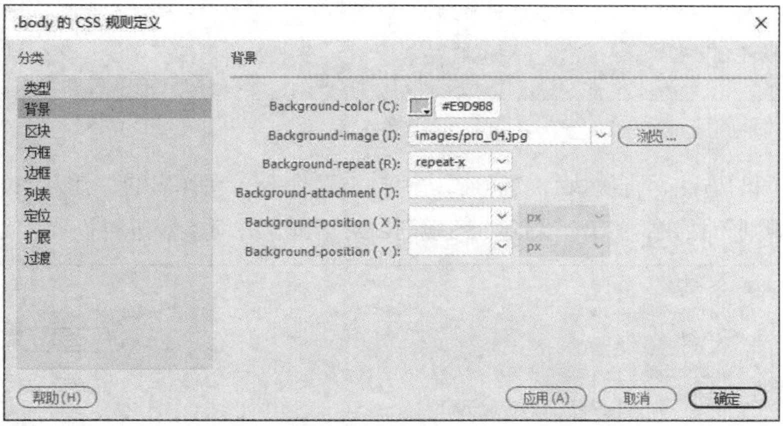

图 6-4

步骤 05 切换至"方框"选项卡，设置参数，如图6-5所示。

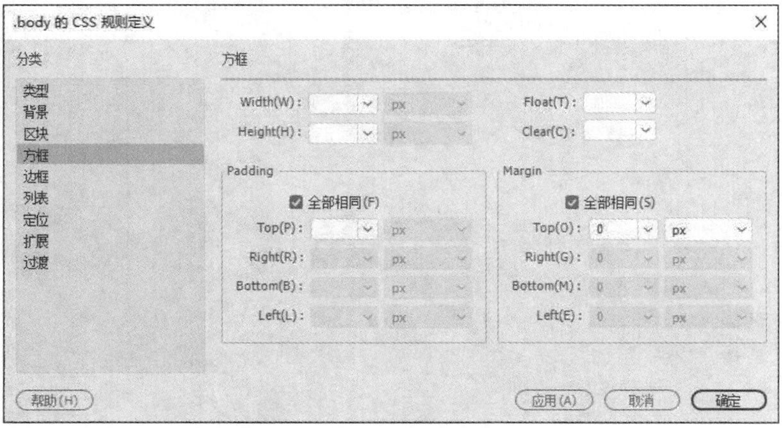

图 6-5

步骤 06 完成后单击"确定"按钮，单击body，在"属性"面板中设置"目标规则"为body，如图6-6所示。

图 6-6

步骤 07 使用相同的方法，再次执行"插入"→"Div"命令，在弹出的"插入Div"对话框中单击"新建CSS规则"按钮，打开"新建CSS规则"对话框，并对参数进行设置，如图6-7所示。

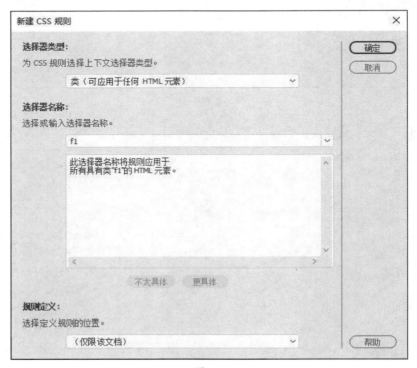

图 6-7

步骤08 完成后单击"确定"
按钮，打开"f1的CSS规则定
义"对话框，选择"区块"选
项卡和"方框"选项卡设置参
数，如图6-8和图6-9所示。

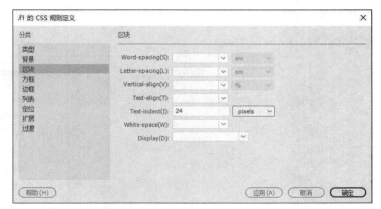

图 6-8

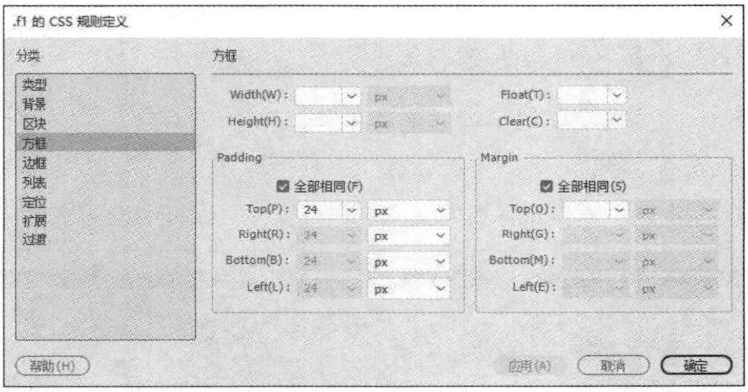

图 6-9

步骤09 完成后单击"确定"按钮，新建CSS规则。选中要添加样式的文本，在"属性"面板中
设置"目标规则"为f1，如图6-10所示。

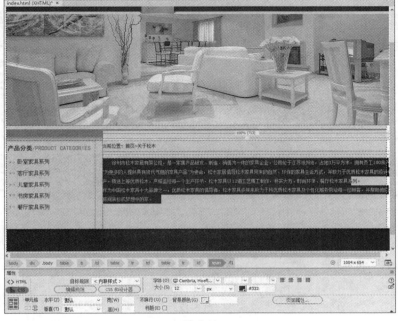

图 6-10

步骤 10 使用相同的方法，新建一个f2的CSS样式，在"类型"选项卡中设置字体颜色为白色，如图6-11所示。

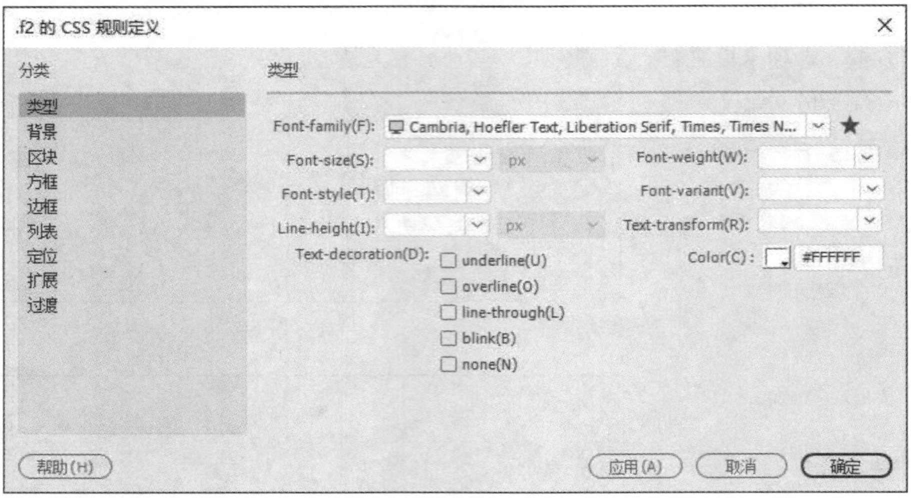

图 6-11

步骤 11 选中要应用样式的文本，在"属性"面板中设置"目标规则"为f2，如图6-12所示。

图 6-12

步骤 12 保存文件，按F12键在浏览器中进行预览，效果如图6-13所示。

图 6-13

至此，完成网页美化的制作。

边用边学

6.1　了解CSS

CSS（Cascading Style Sheets，层叠样式表）是一种制作网页的技术，CSS提供对网页内容的格式化，丰富了网页内容修饰、布局设计的手段。目前CSS已经为大多数浏览器所支持，成为网页设计不可缺少的工具之一。W3C（The World Wide Web Consortium）把动态HTML（Dynamic HTML）分为三个部分来实现：脚本语言（如JavaScript、VBScript等）、支持动态效果的浏览器（如IE）和CSS样式表。

如果仅用HTML设计网页，网页不仅缺乏动感，而且在网页内容的布局上也十分困难。在网页设计过程中需要大量的测试，才能够很好的实现布局排版，这对于专业的设计人员来说也是一项十分需要耐性的工作。在这种情况下，样式表应运而生。它首先要做的是为网页上的元素精确定位，可以让网页设计者轻松地控制文字、图片，将它们放在需要的位置。

其次，CSS将网页内容和网页格式控制相分离。内容结构和格式控制相分离，使得网页可以只包含内容构成，而将所有网页的格式控制交由某个CSS样式表文件，这样不仅简化了网页的格式代码，外部的样式表也会被浏览器保存在BUFFER中，这不仅加快了下载显示的速度，也减少了需要上传的代码数量（只需下载或上传一次）。同时，只要修改保存的CSS样式表，就可以改变整个站点的风格，尤其在网站页面数量庞大时，这点显得特别有用。

■6.1.1　CSS的定义

一般来说，CSS代码定义分为选择器名称和代码定义块，代码定义块需要添加到"{}"里，包含所用的CSS属性以及属性值，格式如下：

```
选择器 {属性：值}
```

CSS中定义了多种选择器，不同的选择器定义方法不同，使用方法也不同，下面分别进行介绍。

1. 标签选择器

一个HTML页面由很多不同的标签组成，而CSS标签选择器就是声明哪些标签采用哪种CSS样式。例如：

```
h1{color:red; font-size:25px;}
```

这里定义了一个h1选择器，针对网页中所有的<h1>标签都会自动应用该选择器中所定义的CSS样式，即网页中所有的<h1>标签中的内容都以25像素的红色字体显示。

2. 类选择器

类选择器用来定义某一类元素的外观样式，可应用于任何HTML标签。类选择器的名称由用户自定义，一般需要以"."作为开头。在网页中应用类选择器定义的外观时，需要在应用样式的HTML标签中添加"class"属性，并将类选择器名称作为其属性值进行设置。例如：

```
.style_text{color:red; font-size:25px;}
```

这里定义了一个名称是"style_text"的类选择器。如果需要将其应用到网页中<div>标签中的文字外观，则添加如下代码：

```
<div class="style_text">这是一个类选择器的例子1</div>
<div class="style_text">这是一个类选择器的例子2</div>
```

网页最终的显示效果是两个<div>中的文字"这是一个类选择器的例子1"和"这是一个类选择器的例子2"都会以25像素的红色字体显示。

3. ID选择器

ID选择器类似于类选择器，用来定义网页中某一个特殊元素的外观样式，ID选择器的名称由用户自定义，一般需要以"#"作为开头。在网页中应用ID选择器定义外观时，需要在应用样式的HTML标签中添加"id"属性，并将ID选择器名称作为其属性值进行设置。例如：

```
#style_text{color:red; font-size:25px;}
```

这里定义了一个名称是"style_text"的ID选择器。如果需要将其应用到网页中<div>标签中的文字外观，则添加如下代码：

```
<div id="style_text">这是一个ID选择器的例子</div>
```

网页最终的显示效果是<div>中的文字"这是一个ID选择器的例子"会以25像素的红色字体显示。

4. 伪类选择器

伪类选择器可以实现用户和网页交互的动态效果，例如超链接的外观。一般伪类选择器包括链接和用户行为，链接包括:link和:visited，而用户行为包括:active和:hover。例如：

```
a:link { color:black;font-size:12px; text-decoration: none; }
a:visited { color:black; font-size:12px; text-decoration: none; }
a:active { color:orange; font-size:12px;text-decoration: none; }
a:hover { color:orange; font-size:12px;text-decoration: none; }
```

上述代码定义了一个超链接动态外观，a:link指定未单击超链接时的外观，a:visited指定超链接访问过的外观，a:active指定超链接激活时的外观，a:hover指定鼠标停留在超链接上时的外观。将上述CSS代码添加到网页中时，会自动应用到网页中的所有超链接外观，即未单击的超链接和访问过的超链接显示为黑色字体、大小为12像素、不带下划线的效果；当激活超链接时或鼠标停留在超链接上时显示为桔色字体、大小为12像素、不带下划线的效果。

当有多个选择器使用相同的设置时，为了简化代码，可以一次性为它们设置样式，并在多个选择器之间加上","来分隔它们，当格式中有多个属性时，则需要在两个属性之间用";"来分隔。例如：

```
选择器1，选择器2，选择器3 {属性1：值1；属性2：值2；属性3：值3}
```

其他CSS的定义格式还有：

```
选择符1  选择符2  {属性1：值1；属性2：值2；属性3：值3}
```

这一格式和上面的格式非常相似，只是在选择符之间少了"，"，但其作用却大不相同。它表示如果选择符2包括的内容同时包括在选择符1中的时候，所设置的样式才起作用，这种也被称为"选择器嵌套"。

---

❶ 提示：在网页中使用CSS

为网页添加样式表的方法有以下四种：

1. 直接添加在HTML标记中

这是应用CSS最简单的方法，其语法格式如下：

```
<标记 style="CSS属性：属性值">内容</标记>
```

例如：< p style= ″color: red; font-size: 10pt″ >CSS实例< /p>
该使用方法简单、显示直观，但是这种方法由于无法发挥样式表的内容和格式控制分离的优点，并不常用。

2. 将CSS样式代码添加在HTML的<style></style>标签之间

```
< head>
< style type="text/css">
< !--

样式表具体内容

-->
< /style>
< /head>
```

一般<style></style>标签需要放在<header></head>标签之间，其中type= ″text/css″ 表示样式表采用MIME类型，帮助不支持CSS的浏览器忽略CSS代码，避免在浏览器中直接以源代码的方式显示，为保证这种情况不会出现，还有必要在样式表代码上加注释标识符< !-- -->。

3. 链接外部样式表

将样式表文件通过<link>标签链接到指定网页中，这也是最常使用的方法。这种方法最大的好处是，样式表文件可以反复链接不同的网页，从而保证多个网页风格一致。

```
< head>
< link rel="stylesheet" href="*.css" type="text/css" >
< /head>
```

其中，rel= ″stylesheet″ 用来指定一个外部的样式表，如果使用 "Alternate stylesheet"，则是指定使用一个交互样式表。href= ″*.css″ 指定要链接的样式表文件路径，样式文件以.css作为后缀，其中应包含CSS代码，但<style></style>标签不能写到样式表文件中。

4. 联合使用样式表

可以在<style></style>标签之间既定义CSS代码，也导入外部样式文件的声明。

```
< head>
< style type="text/css">
< !--
```

```
@import "*.css"
-->
< /style>
< /head>
```

以@import引入的联合样式表方法和链接外部样式表的方法很相似，但联合样式表方法更有优势。因为联合法可以在链接外部样式表的同时，针对该网页的具体情况，添加别的网页不需要的样式。

■6.1.2 CSS的设置

目前计算机技术发展迅速，各种辅助设计工具使得编写CSS文件变得更加直观、便捷。Dreamweaver作为一款当前应用广泛的网页设计工具，为在网页中使用CSS提供了极其方便的编辑方法。网页设计人员使用Dreamweaver几乎可以对所有的CSS属性进行设置。在Dreamweaver中CSS属性被分为9大类，分别是类型、背景、区块、方框、边框、列表、定位、扩展和过渡，下面会分别进行介绍。

在Dreamweaver软件中新建CSS，执行"插入"→"Div"命令，打开"插入Div"对话框，如图6-14所示。单击"新建CSS规则"按钮，打开"新建CSS规则"对话框，如图6-15所示。

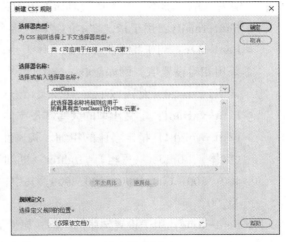

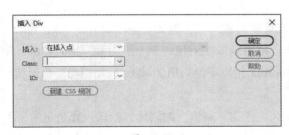

图 6-14

图 6-15

在新建CSS样式对话框后，可根据需要选择所需要的选择器类型，输入选择器的名称，然后选择该CSS样式使用的位置。单击"确定"按钮进入属性设置对话框，新建的CSS样式通过设置各种属性来实现对网页外观的控制。

在Dreamweaver中选择器类型可以设置为以下值。

● **类（可应用于任何HTML元素）**：用来定义一个类选择器。
● **ID（仅应用一个HTML元素）**：用来定义一个ID选择器。
● **标签（重新定义HTML元素）**：用来定义一个标签选择器。
● **复合内容（基于选择的内容）**：用来定义一个嵌套选择器，只有应用样式的HTML标签的上下文环境完全符合嵌套选择器中所涉及的标签，才会显示效果。

CSS属性可分为类型、背景、区块、方框、边框、列表、定位、扩展和过渡9个类别。下面分别对这些属性及其设置方法加以介绍，各属性设置只需在面板中对应的下拉菜单中选择即可。

1. 设置类型属性

常用的类型属性主要包括：Font-family，Font-size，Font-weight，Font-style，Font-variant，Line-height，Text-transform，Text-decoration，Color，如图6-16所示。

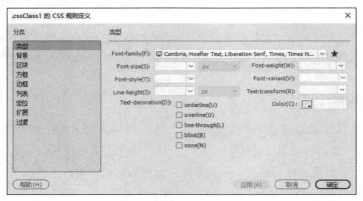

图 6-16

CSS样式的"类型"分类选项对话框中相关属性介绍如下：

- **Font-family**：用于指定文本的字体，多个字体之间以逗号分隔，按照优先顺序排列。
- **Font-size**：用于指定文本中的字体大小，可以直接指定字体的像素（px）大小，也可以采用相对设置值。例如，xx-small（最小）、x-small（较小）、small（小）、medium（正常值）、large（大）、x-large（较大）、xx-large（最大）。
- **Font-variant**：定义小型的大写字母字体，对中文没有意义。
- **Font-weight**：指定字体的粗细。其属性值可设为相对值，例如，normal（正常）、bold（粗体）、bolder（更粗）、lighter（更细）；也可以取绝对值，例如，100、200、300、400、500、600、700、800、900。其中，normal相当于绝对值为400，bold相当于绝对值为700。
- **Font-style**：用于设置字体的风格，属性值为：正常、斜体、偏斜体，默认设置是正常。
- **Line-height**：用于设置文本所在行的高度，选择"正常"会自动按字体大小计算行高，也可输入一个固定值并选择一种度量单位。
- **Text-transform**：将选定内容中的每个单词的首字母大写或者将文本设置为全部大写或小写。
- **Text-decoration**：向文本中添加下划线、上划线或删除线，或使文本闪烁。正常文本的默认设置是"无"。默认超链接设置是"下划线"。
- **Color**：用于设置文字的颜色。

2. 设置背景属性

背景属性的功能主要是在网页元素后面添加固定的背景颜色或图像，常用的属性主要包括：Background-color，Background-image，Background-repeat，Background-attachment，Background-position，如图6-17所示。

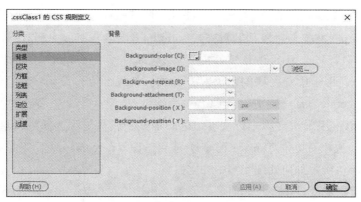

图 6-17

CSS样式的"背景"分类选项对话框中相关属性介绍如下：

● **Background-color**：用于设置CSS元素的背景颜色。属性值设为transparent，表示透明。

● **Background-image**：用于定义背景图片，属性值设为url，即为背景图片路径。

● **Background-repeat**：用于确定背景图片如何重复。其属性值为：repeat-x（背景图片横向重复），repeat-y（背景图片纵向重复），no-repeat（背景图片不重复）。如果该属性不设置，则背景图片既横向平铺，又纵向重复。

● **Background-attachment**：设定背景图片是否跟随网页内容滚动，还是固定不动。属性值可设为scroll（滚动）或fixed（固定）。

● **Background-position**：设置背景图片的初始位置。

3. 设置区块属性

区块属性的功能主要是定义样式的间距和对齐设置，常用的属性主要包括Word-spacing、Letter-spacing、Vertical-align、Text-align、Text-indent、White-space和Display，如图6-18所示。

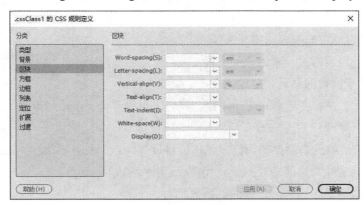

图 6-18

CSS样式的"区块"分类选项中相关属性介绍如下：

● **Word-spacing**：用于设置文字的间距。

● **Letter-spacing**：用于设置字符间距。如需要减少字符间距，可指定一个负值。

● **Vertical-align**：用于设置文字或图像相对于其父容器的垂直对齐方式。属性值可设为：

auto（自动）、baseline（基线对齐）、sub（对齐下标）、super（对齐上标）、top（对齐顶部）、text-top（文本与对象顶部对齐）、middle（内容与对象中部对齐）、bottom（内容与对象底部对齐）、text-bottom（文本与对象底部对齐）、length（百分比）。

- **Text-align**：用于设置区块的水平对齐方式。其属性值可设为：left（左对齐）、right（右对齐）、center（居中对齐）、justify（两端对齐）。
- **Text-indent**：用于指定第一行文本缩进的程度。属性值可选择绝对单位（cm、mm、in、pt、pc）或相对单位（em、ex、px）或百分比（percentage）。
- **White-space**：确定如何处理元素中的空白。
- **Display**：指定是否显示以及如何显示元素。属性值可设为：block（块对象）、none（隐藏对象）、inline（内联对象）、inline-block（块对象以内联对象呈现）。

4. 设置方框属性

网页中的所有元素包括文字、图像等都被看作为包含在方框内，方框属性主要包括Width、Height、Float、Clear、Padding和Margin，如图6-19所示。

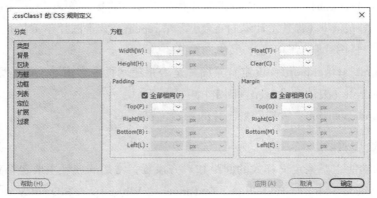

图 6-19

CSS样式的"方框"分类选项中相关属性介绍如下：

- **Width**：用于设置网页元素对象的宽度。
- **Height**：用于设置网页元素对象的高度。
- **Float**：用于设置网页元素的浮动属性。属性值可设置为：none（默认）、left（浮动到左边）、right（浮动到右边）。
- **Clear**：用于清除元素的浮动属性。属性值可设置为：none（不清除）、left（清除左边浮动）、right（清除右边浮动）、both（清除两边浮动）。
- **Padding**：指定显示内容与边框间的距离。
- **Margin**：指定网页元素边框与另外一个网页元素边框之间的间距。

Padding属性与Margin属性可与top、right、bottom、left组合使用，用来设置距上、右、下、左的间距。

5. 设置边框属性

边框属性可用来设置网页元素的边框外观。边框属性包括Style、Width和Color，可分别与

top、right、bottom、left组合使用，如图6-20所示。

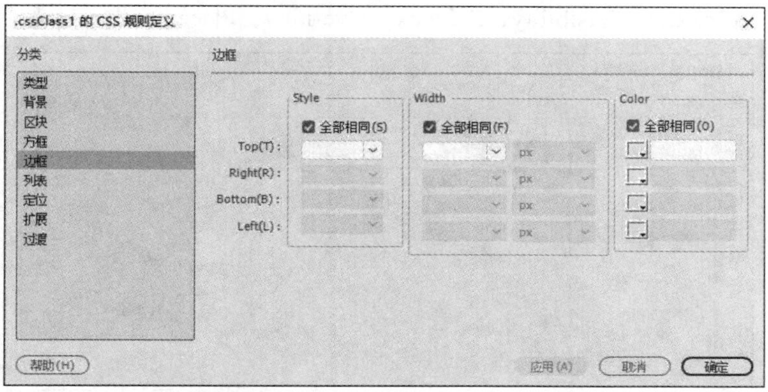

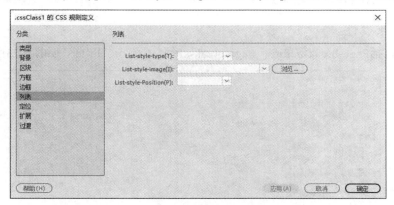

图 6-20

CSS样式的"边框"分类选项中相关属性介绍如下：

- **Style**：用于设置边框的样式，属性值可设为：None（无）、Hidden（隐藏）、Dotted（点线）、Dashed（虚线）、Solid（实线）、Double（双线）、groove3D（槽线式边框）、ridge3D（脊线式边框）、inset3D（内嵌效果的边框）、outset3D（突起效果的边框）。
- **Width**：用于设置边框的宽度。
- **Color**：由于设置边框的颜色。

6. 设置列表属性

列表属性包括List-style-type，List-style-image，List-style-position，如图6-21所示。

图 6-21

CSS样式的"列表"分类选项中相关属性介绍如下：

- **List-style-type**：用于设置列表的样式，属性值可设为：Disc（默认值，实心圆）、Circle（空心圆）、Square（实心方块）、Decimal（阿拉伯数字）、lower-roman（小写罗马数字）、upper-roman（大写罗马数字）、low-alpha（小写英文字母）、upper-alpha（大写英文字母）、none（无）。
- **List-style-image**：用于设置列表的标记图像，属性值为url，即标记图像的路径。
- **List-style-position**：用于设置列表的位置。

7. 设置定位属性

定位属性包括Position、Visibility、Z-Index、Overflow、Placement、Clip等，如图6-22所示。

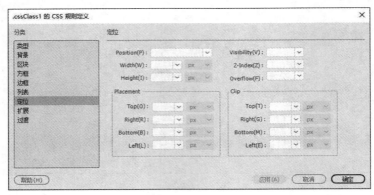

图 6-22

CSS样式的"定位"分类选项中相关属性介绍如下：

- **Position**：用于设定定位方式，属性值可设为：Static（默认）、Absolute（绝对定位）、Fixed（相对固定窗口的定位）、Relative（相对定位）。
- **Visibility**：指定元素是否可见。
- **Z-Index**：指定元素的层叠顺序，属性值一般是数字，数字大的显示在上面。
- **Overflow**：指定超出部分的显示设置。
- **Placement**：指定AP div的位置和大小。
- **Clip**：定义AP div的可见部分。

8. 设置扩展属性

扩展属性包括Page-break-before、Page-break-after、Cursor、Filter，如图6-23所示。

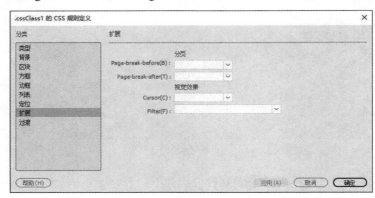

图 6-23

CSS样式的"扩展"分类选项中相关属性介绍如下：

- **Page-break-before**：为打印的页面设置分页符。
- **Page-break-after**：检索或设置对象后出现的页分隔符。
- **Cursor**：定义鼠标形式。
- **Filter**：定义滤镜集合。

9. 设置过渡属性

使用"CSS过渡效果"面板可将平滑属性变化更改应用于基于CSS的页面元素，以响应触发器事件，如悬停、单击或聚焦等，如图6-24所示。

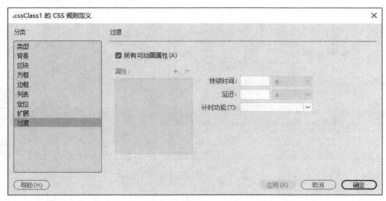

图 6-24

CSS样式的"过渡"分类选项中相关属性介绍如下：

- 所有可动画属性：勾选该复选框，将为过渡的所有CSS属性指定相同的持续时间、延迟、计时功能等。
- 持续时间：设置过渡效果的持续时间。
- 延迟：设置过渡效果开始之前的时间。
- 计时功能：用于选择过渡效果样式。

6.2　使用CSS

使用Dreamweaver可以很方便地为网页添加CSS效果，只需要通过直观的界面设置，就可以为网页定义多种不同的CSS样式。

■6.2.1　外联样式表

若将网页的外观样式存放在一个单独的CSS文件中，通过在网页HTML文件中的<head></head>标签之间添加<link>标签，便可将当前网页和应用的样式文件进行关联。这样做的优点是可以将网页显示内容和显示样式分离开，方便网页设计人员集中管理网站风格，进行网页页面维护。

创建当前网页的外联样式表具体操作如下：

步骤 01 启动Dreamweaver，打开要链接外联样式表的网页index.html，如图6-25所示。

步骤 02 执行"窗口"→"CSS设计器"命令，打开"CSS设计器"面板，如图6-26所示。

图 6-25

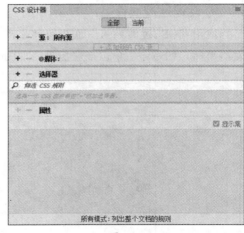

图 6-26

步骤03 在"CSS设计器"面板中单击"源"左侧的 + 按钮，在弹出的列表中选择"创建新的CSS文件"选项，打开"创建新的CSS文件"对话框，如图6-27所示。

步骤04 单击"浏览"按钮，打开"将样式表文件另存为"对话框，输入样式表名称，如图6-28所示。完成后单击"保存"按钮，在"创建新的CSS文件"对话框中单击"确定"按钮，即可创建一个新的外部CSS文件。

图 6-27

图 6-28

步骤05 若想链接创建好的外联样式表文件，可以打开"CSS设计器"面板后，单击"源"左侧的 + 按钮，在弹出的列表中选择"附加现有的CSS文件"选项，打开"使用现有的CSS文件"对话框，如图6-29所示。

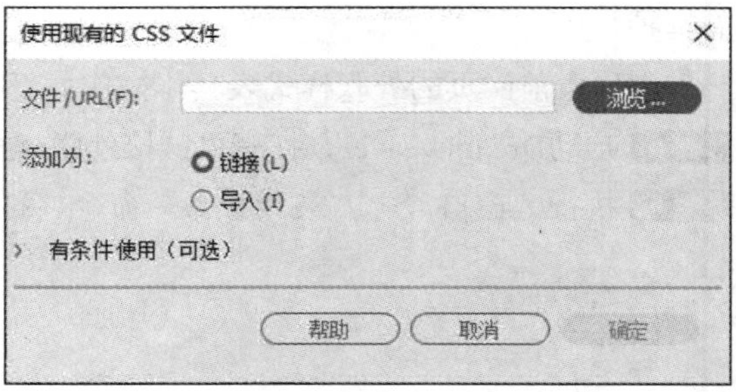

图 6-29

步骤 06 单击"浏览"按钮，打开"选择样式表文件"对话框，并选择合适的样式表文件，如图6-30所示。

步骤 07 完成后单击"确定"按钮，在"使用现有的CSS文件"对话框中单击"确定"按钮，即可附加外联样式表文件，如图6-31所示。

图 6-30

图 6-31

■6.2.2 内嵌样式表

内嵌样式是将CSS代码混合在HTML代码中，一般会内嵌在网页头部的<style></style>之间，该样式内容只能应用在当前网页中，不能被其他网页共享使用。

创建网页的内嵌样式表具体操作为：打开网页index.html，打开"CSS设计器"面板，单击"源"左侧的+按钮，在弹出的列表中选择"在页面中定义"选项，即可新建内嵌样式表，如图6-32所示。新建一个选择器，即可在"属性"选项中设置CSS样式，如图6-33所示。

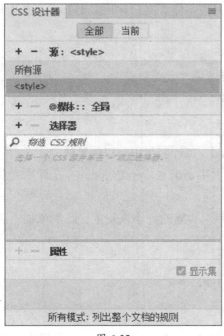

图 6-32

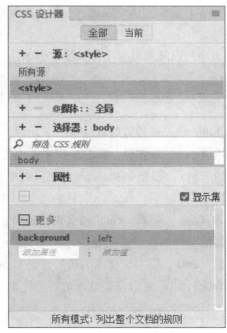

图 6-33

6.3 常用网页样式

CSS样式可以在设计网页时美化网页，包括字体样式、段落样式、边框样式、外轮廓样式、列表样式等方面。下面将具体讲解这些样式的应用。

■6.3.1 字体样式

网页中包含了大量的文字信息，所有文字构成的网页元素都是网页文本，文本的样式由字体样式和段落样式组成。使用CSS修改和控制文字的大小、颜色、粗细和下划线等，修改时只需要修改CSS文本样式即可。下面将对此进行详细介绍。

1. 字体font-family

在CSS中，有两种类型的字体系列名称。

- **通用字体系列**：拥有相似外观的字体系统组合（如 "Serif" 或 "Monospace"）。
- **特定字体系列**：一个特定的字体系列（如 "Times" 或 "Courier"）。

font-family属性应该设置几个字体名称作为一种"后备"机制，如果浏览器不支持第一种字体，它将尝试下一种字体。

注意：如果字体系列的名称超过一个字（单词），它必须用引号，如font-family："宋体"。

多个字体系列是用逗号分隔的，示例如下：

```
p{font-family:"Times New Roman", Times, serif;}
```

2. 字号font-size

该属性设置元素的字体大小。注意，实际上它设置的是字体中字符框的高度，实际的字符字形可能比这些框高或矮，通常会矮。

各关键字对应的字体必须比一个最小关键字对应字体要高，并且要小于下一个最大关键字对应的字体。

在网页中可以随意设置字体大小，例如：

```
<p>检测文字大小！</p>
p{font-size: 20px;}
```

常用的font-size属性值的单位有以下几种。

- **像素（px）**：根据显示器的分辨率来设置大小，web应用中常用此单位。
- **点数（pt）**：根据windows系统定义的字号大小来确定，pt就是point，是印刷行业常用的单位。
- **英寸（in）、厘米（cm）和毫米（mm）**：根据实际的大小来确定。此类单位不会因为显示器的分辨率改变而改变。
- **倍数（em）**：以当前文本的倍数定义大小。
- **百分比（%）**：是以当前文本的百分比定义大小。

3. 字重font-weight

该属性用于设置显示元素的文本中所用字体的粗细。数字值设为400相当于关键字normal，数字值设为700等价于bold。

该属性的值可采用以下两种写法。

● 由100-900的数值组成，但是不能写成856，只能写整百的数字。

● 可以是关键字：normal（默认值）、bold（加粗）、bolder（更粗）、lighter（更细）和inherit（继承父级）。

4. 文本转换text-transform

在网页中编写文本时经常会遇到一些英文段落，写英文时一般不会注意大小写的变换，这样就会造成不太友好的阅读体验。CSS的文本属性text-transform就是用来解决这个问题的。无论源文档中文本的大小写如何，这个属性都会改变文本中的字母大小写。如果值为capitalize，则要对某些字母大写，但是并没有明确定义如何确定哪些字母要大写，这取决于用户代理如何识别出各个"词"。

text-transform属性的值可以是以下几种。

● **none**：默认。定义带有小写字母和大写字母的标准文本。

● **capitalize**：文本中的每个单词以大写字母开头。

● **uppercase**：定义仅有大写字母。

● **lowercase**：定义无大写字母，仅有小写字母。

● **inherit**：规定应该从父元素继承text-transform属性的值。

5. 字体风格font-style

该属性用于设置是否使用斜体、倾斜或正常字体。斜体通常被定义为字体系列中的一个单独的字体。理论上讲，用户代理可以根据一个正常字体计算出一个斜体的。

font-style属性的值可以使用以下几种。

● **normal**：默认值。浏览器显示一个标准的字体样式。

● **italic**：浏览器会显示一个斜体的字体样式。

● **oblique**：浏览器会显示一个倾斜的字体样式。

● **inherit**：规定应该从父元素继承字体样式。

6. 字体颜色color

color属性用于设置文本的颜色。

这个属性设置了一个元素的前景色（在HTML表现中，就是元素文本的颜色）。这个颜色还会应用到元素的所有边框，但是和border-color属性颜色冲突时会被border-color或另外某个边框颜色属性覆盖。

要设置一个元素的前景色，最容易的方法是使用color属性。

color属性的值有以下几种。

● **color_name**：用颜色名称设定颜色值，比如red。

● **hex_number**：用十六进制数值设定颜色值，比如#ff0000。

● **rgb_number**：用rgb代码设定颜色值，比如rgb（255,0,0）。

● **inherit**：规定应该从父元素继承颜色。

7. 文本修饰text-decoration

这个属性允许对文本设置某种效果，如加下划线。如果后代元素没有自己的装饰，祖先元素上设置的装饰会"延伸"到后代元素中。不要求用户代理支持blink。

text-decoration的值可以是以下几种。

- **none**：默认。定义标准的文本。
- **underline**：定义文本下的一条线，即下划线。
- **overline**：定义文本上的一条线，即上划线。
- **line-through**：定义穿过文本的一条线，即删除线。
- **blink**：定义闪烁的文本。
- **inherit**：规定应该从父元素继承text-decoration属性的值。

8. 简写font

这个简写属性用于一次设置元素字体的两个或更多方面。使用icon等关键字可以适当地设置元素的字体，使之与用户计算机环境中的某个方面一致。注意，如果没有使用这些关键字，至少要指定字体大小和字体系列。

可以按顺序设置如下属性：

- **font-style**：用于设置字体样式。
- **font-variant**：用于设置字体变体，适用于英文。
- **font-weight**：用于设置字体粗细。
- **font-size**：用于设置字号。
- **line-height**：用于设置行高。
- **font-family**：用于设置字体类型。

可以不设置其中的某个值，比如font:100% verdana;也是允许的，其中未设置的属性会使用对应的默认值。

■6.3.2 段落样式

CSS中关于段落的样式主要有行高、缩进、段落对齐、文字间距、文字溢出、段落换行等，这些段落样式是控制页面中文本段落美观的关键。下面将一一讲解这些段落样式。

1. 字符间隔letter-spacing

letter-spacing属性增加或减少字符间的空白（字符间距）。

该属性定义了在文本字符框之间插入多少空间。由于字符字形通常比其字符框要窄，指定长度值时，会调整字母之间通常的间隔。因此，normal就相当于值为0。

注意：允许使用负值，这会让字母之间挤得更紧。

letter-spacing属性的值有以下几种。

- **normal**：默认。规定字符间没有额外的空间。
- **length**：定义字符间的固定空间（允许使用负值）。
- **inherit**：规定应该从父元素继承letter-spacing属性的值。

2. 单词间隔word-spacing

word-spacing属性可以增加或减少单词间的空白，即字间隔。

该属性定义元素中字之间插入多少空白符。针对这个属性，"字"定义为由空白符包围的一个字符串。如果指定为一长度值，就会调整字之间的通常间隔；指定为normal就等同于设置为0；允许指定负长度值，这会让字之间挤得更紧。这里需要注意的是，允许使用负值。

word-spacing的值有以下几种。

- **normal**：默认。定义单词间的标准空间。
- **length**：定义单词间的固定空间。
- **inherit**：规定应该从父元素继承word-spacing属性的值。

3. 段落缩进text-indent

text-indent属性规定文本块中首行文本的缩进。这里允许使用负值，如果使用负值，那么首行会被缩进到左边。

该属性用于定义块级元素中第一个内容行的缩进。它允许指定为负值，这会产生一种"悬挂缩进"的效果。此属性常用于建立一个"标签页"效果。

text-indent的值有以下几种。

- **Length**：定义固定的缩进，默认值0。
- **%**：定义基于父元素宽度的百分比的缩进。
- **Inherit**：规定应该从父元素继承text-indent属性的值。

4. 横向对齐方式text-align

text-align属性规定元素中的文本的水平对齐方式。

该属性通过指定行框与哪个点对齐，从而设置块级元素内文本的水平对齐方式。通过允许用户代理调整行内容中字母和字之间的间隔，可以支持值justify；不同用户代理可能会得到不同的结果。

text-align属性的值有以下几种。

- **left**：把文本排列到左边。通常为默认值，但是否为默认值由浏览器决定。
- **right**：把文本排列到右边。
- **center**：把文本排列到中间。
- **justify**：实现两端对齐文本效果。
- **inherit**：规定应该从父元素继承text-align属性的值。

5. 纵向对其方式vertical-align

vertical-align属性设置元素的垂直对齐方式。

该属性定义行内元素的基线相对于该元素所在行的基线的垂直对齐。允许指定负长度值和百分比值，这会使元素降低而不是升高。在表的单元格中，这个属性会设置单元格框中的单元格内容的对齐方式。

vertical-align属性的值有以下几种。

- **baseline**：元素放置在父元素的基线上。

- **sub**：垂直对齐文本的下标。
- **super**：垂直对齐文本的上标。
- **top**：把元素的顶端与行中最高元素的顶端对齐。
- **text-top**：把元素的顶端与父元素字体的顶端对齐。
- **middle**：把此元素放置在父元素的中部。
- **bottom**：把元素的顶端与行中最低的元素的顶端对齐。
- **text-bottom**：把元素的底端与父元素字体的底端对齐。
- **length**：使用"line-height"属性的百分比值来排列此元素。允许使用负值。
- **inherit**：规定应该从父元素继承vertical-align属性的值。

6. 行间距line-height

line-height属性用于设置行间的距离（行高）。

该属性会影响行框的布局。在应用到一个块级元素时，它定义了该元素中基线之间的最小距离而不是最大距离。

line-height与font-size的计算值之差（在CSS中称为"行间距"）分为两半，分别加到一个文本行内容的顶部和底部。可以包含这些内容的最小框就是行框。

原始数字值指定了一个缩放因子，后代元素会继承这个缩放因子而不是计算值。

line-height属性的值有以下几种。

- **normal**：设置合理的行间距。
- **number**：设置数字，此数字会与当前的字体尺寸相乘来设置行间距。
- **length**：设置固定的行间距。
- **%**：基于当前字体尺寸的百分比设置行间距。
- **Inherit**：规定应该从父元素继承line-height属性的值。

■6.3.3 边框样式

边框是CSS中属性非常重要的样式属性。设计者可以为一些元素添加宽和高属性，让元素在网页中占有固定的位置，但是普通元素大都没有颜色或者是透明的，这时可以让元素拥有边框，这样就能方便地将它识别出来了。

1. 框线型border-style

border-style属性用于设置元素所有边框的样式，或者单独为各边设置边框样式。只有当这个值不是none时边框才可能出现。下面是几种常见的框线型边框代码。

（1）`border-style:dotted solid double dashed;`。

代码解释：上边框是点状，右边框是实线，下边框是双线，左边框是虚线。

代码的运行效果如图6-34所示。

图 6-34

（2）border-style:dotted solid double; 。

代码解释：上边框是点状，右边框和左边框是实线，下边框是双线。

代码的运行效果如图6-35所示。

图 6-35

（3）border-style:dotted solid; 。

代码解释：上边框和下边框是点状，右边框和左边框是实线。

代码的运行效果如图6-36所示。

图 6-36

（4）border-style:dotted; 。

代码解释：四个边框均是点状。

代码的运行效果如图6-37所示。

图 6-37

border-style的值有以下几种。

● **none**：定义无边框。

● **hidden**：与"none"相同，不过应用于表时除外。对于表，hidden用于解决边框冲突。

● **dotted**：定义点状边框。在大多数浏览器中呈现为实线。

● **dashed**：定义虚线边框。在大多数浏览器中呈现为实线。

● **solid**：定义实线边框。

● **double**：定义双线边框。双线的宽度等于border-width的值。

● **groove**：定义3D凹槽边框。其效果取决于border-color的值。

● **ridge**：定义3D垄状边框。其效果取决于border-color的值。

● **inset**：定义3D inset边框。其效果取决于border-color的值。

- **outset**：定义3D outset边框。其效果取决于border-color的值。
- **inherit**：规定应该从父元素继承边框样式。

2. 边框颜色border-color

border-color属性设置四条边框的颜色。此属性可设置1到4种颜色。

border-color属性是一个简写属性，可设置一个元素的所有边框中可见部分的颜色，或者为4个边分别设置不同的颜色。下面是几种常见的边框颜色设置代码。

（1）`border-color:red green blue pink;`。

代码解释：上边框是红色，右边框是绿色，下边框是蓝色，左边框是粉色。

代码的运行效果如图6-38所示。

图 6-38

（2）`border-color:red green blue;`。

代码解释：上边框是红色，右边框和左边框是绿色，下边框是蓝色。

代码的运行效果如图6-39所示。

图 6-39

（3）`border-color:dotted red green;`。

代码解释：上边框和下边框是红色，右边框和左边框是绿色。

代码的运行效果如图6-40所示。

图 6-40

（4）`border-color:red;`。

代码解释：四个边框都是红色。

代码的运行效果如图6-41所示。

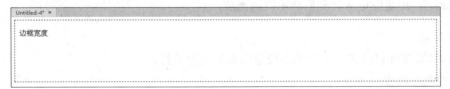

图 6-41

border-color属性的值有以下几种。

- **color_name**：规定颜色值用颜色名称来设置（比如red）。
- **hex_number**：规定颜色值用十六进制值来设置（比如#ff0000）。
- **rgb_number**：规定颜色值用rgb代码来设置（比如rgb（255,0,0））。
- **transparent**：默认值。边框颜色为透明。
- **inherit**：规定应该从父元素继承边框颜色。

3. 边框宽度border-width

border-width简写属性为元素的所有边框设置宽度，或者单独为各边边框设置宽度。

只有当边框样式不是"none"时，边框宽度属性才起作用。如果边框样式是"none"，边框宽度属性值会重置为0。它不允许指定负长度值。下面是几种常见的边框宽度代码。

（1）border-width:thin medium thick 10px;。

代码解释：上边框是细边框，右边框是中等边框，下边框是粗边框，左边框是10 px宽的边框。

代码的运行效果如图6-42所示。

图 6-42

（2）border-width:thin medium thick;。

代码解释：上边框是细边框，右边框和左边框是中等边框，下边框是粗边框。

代码的运行效果如图6-43所示。

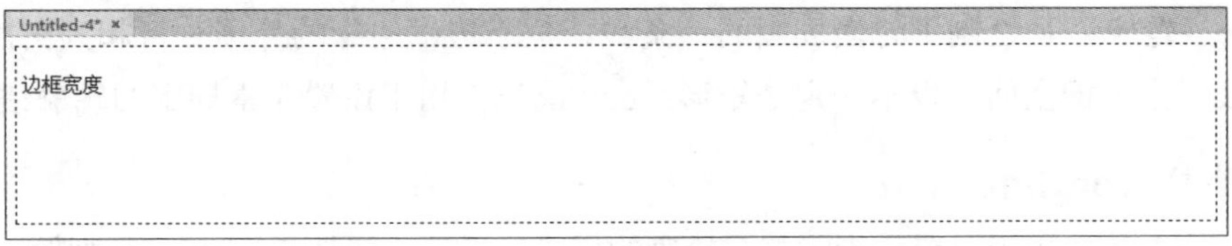

图 6-43

（3）border-width:thin medium;。

代码解释：上边框和下边框是细边框，右边框和左边框是中等边框。

代码的运行效果如图6-44所示。

图 6-44

（4）border-width:thin; 。

代码解释：四个边框都是细边框。

代码的运行效果如图6-45所示。

图 6-45

border-width属性的值有以下几种。

● **thin**：定义细的边框。

● **medium**：默认。定义中等的边框。

● **thick**：定义粗的边框。

● **length**：允许用户自定义边框的宽度。

● **inherit**：规定应该从父元素继承边框宽度。

4. 制作边框效果

border简写属性可以在一个声明中设置所有的边框属性。

可以按顺序设置如下属性：

border-width、border-style、border-color。

如果不设置其中的某个值，也不会出问题，比如border:solid #ff0000;也是允许的，但是这样并不会显示边框，因为少了宽度。宽度为0的情况下边框是不会显现出来的。

■6.3.4 外轮廓

outline（轮廓）是绘制于元素周围的一条线，位于边框边缘的外围，可起到突出元素的作用。轮廓线不会占据空间，也不一定是矩形。outline属性用于设置元素周围的轮廓线。

1. 轮廓样式outline-style

outline-style属性用于设置元素的整个轮廓的样式。样式不能是"none"，否则轮廓不会出现。

outline-style属性的值有以下几种。

● **none**：默认值。定义无轮廓。

● **dotted**：定义点状的轮廓。

● **dashed**：定义虚线轮廓。

- **solid**：定义实线轮廓。
- **double**：定义双线轮廓。双线的宽度等同于outline-width的值。
- **groove**：定义3D凹槽轮廓。此效果取决于outline-color值。
- **ridge**：定义3D凸槽轮廓。此效果取决于outline-color值。
- **inset**：定义3D凹边轮廓。此效果取决于outline-color值。
- **outset**：定义3D凸边轮廓。此效果取决于outline-color值。
- **inherit**：规定应该从父元素继承轮廓样式的设置。

2. 轮廓颜色outline-color

outline-color属性设置一个元素整个轮廓中可见部分的颜色。要注意，轮廓的样式不能是none，否则轮廓不会出现。

outline-color属性的值可以是以下几种：

- **color_name**：规定颜色值用颜色名称来设置（比如red）。
- **hex_number**：规定颜色值用十六进制值来设置（比如#ff0000）。
- **rgb_number**：规定颜色值用rgb代码来设置（比如rgb（255,0,0））。
- **invert**：默认值。执行颜色反转（逆向的颜色）。可使轮廓在不同的背景颜色中都是可见的。
- **inherit**：规定应该从父元素继承轮廓颜色的设置。

3. 轮廓宽度outline-width

outline-width属性设置元素整个轮廓的宽度，只有当轮廓样式不是none时，这个宽度才会起作用。如果样式为none，宽度实际上会重置为0。轮廓宽度不允许设置负长度值。

outline-width属性的值有以下几种。

- **thin**：规定细轮廓。
- **medium**：默认值。规定中等的轮廓。
- **thick**：规定粗的轮廓。
- **length**：允许用户设定轮廓粗细的值。
- **inherit**：规定应该从父元素继承轮廓宽度的设置。

4. 外轮廓outline简写练习

outline简写属性可以在一个声明中设置所有的轮廓属性。

可以按顺序设置如下属性：

outline-width、outline-style、outline-color。

如果不设置其中的某个值，也不会出问题，比如outline:solid #ff0000; 也是允许的，但是这样并不会显示边框，因为少了宽度。宽度为0的情况下边框是不会显现出来的。

5. 边框与外轮廓的异同点

在CSS样式中，边框（border）与轮廓（outline）从页面显示上看起来几乎一样，但是它们之间的区别还是很大的，下面将介绍其异同点。

（1）相同点。

- 都是围绕在元素外围显示。

- 都可以设置宽度，样式和颜色属性。
- 在写法上也都可以采用简写格式（即把三个属性值写在一个属性当中）。

（2）不同点。

- outline是不占空间的，即不会增加额外的width或者height，而border会增加盒子的宽度和高度。
- outline不能进行上下左右单独设置，而border可以。
- border可应用于几乎所有有形的html元素，而outline仅是针对链接、表单控件和ImageMap等元素的设计。
- outline的效果将随元素的focus而自动出现，相应地随元素的blur而自动消失。
- 当outline和border同时存在时，outline会围绕在border的外围。

■ 6.3.5 列表相关属性

列表相关属性描述了在可视化介质中的格式化，CSS列表属性允许用户放置和改变列表项标志，或者将图像作为列表项标志。下面就来一一介绍列表的相关属性。

1.列表样式list-style-type

在CSS中，不管是有序列表还是无序列表，都统一使用list-style-type属性来定义列表项符号。

在HTML中，type属性用来定义列表项符号，那是在元素属性中定义的。但是一般不建议使用type属性来定义元素的样式。

有序列表list-style-type属性的值有以下几种。

- **none**：无标记。
- **disc**：默认值。标记是实心圆。
- **circle**：标记是空心圆。
- **square**：标记是实心方块。
- **decimal**：标记是数字。
- **decimal-leading-zero**：0开头的数字标记（如01, 02, 03等）。
- **lower-roman**：小写罗马数字（如i, ii, iii, iv, v等）。
- **upper-roman**：大写罗马数字（如I, II, III, IV, V等）。
- **lower-alpha**：小写英文字母（如a, b, c, d, e等）。
- **upper-alpha**：大写英文字母（如A, B, C, D, E等）。
- **lower-greek**：小写希腊字母（如α，β，γ等）。
- **lower-latin**：小写拉丁字母（如a, b, c, d, e等）。
- **upper-latin**：大写拉丁字母（如A, B, C, D, E等）。
- **hebrew**：传统的希伯来编号方式。
- **armenian**：传统的亚美尼亚编号方式。
- **georgian**：传统的乔治亚编号方式（如an, ban, gan等）。
- **cjk-ideographic**：简单的表意数字。
- **hiragana**：标记是a, i, u, e, o, ka, ki等（日文片假名）。

- **katakana**：标记是A, I, U, E, O, KA, KI等（日文片假名）。
- **hiragana-iroha**：标记是i, ro, ha, ni, ho, he, to等（日文片假名）。
- **katakana-iroha**：标记是I, RO, HA, NI, HO, HE, TO等（日文片假名）。

2. 列表标记的图像list-style-image

在开发当中经常要用到列表，虽然CSS已经预设了很多的列表标记样式，但是有时候用户还是需要一些自定义的样式，比如有时候会需要用一张图片作为列表的标记。CSS列表样式提供了自定义列表标记图案的属性：list-style-image，其语法格式如下：

```
list-style-image:url();
```

list-style-image属性使用图像来替换列表项的标记，图像相对于列表项内容的放置位置通常由list-style-position属性控制。

想要使用list-style-image属性，首先需要一张作为列表标记的图片，之后再按照此属性的语法格式引入图片的路径即可。

3. 列表标记的位置list-style-position

之前所见的列表标记位置都是默认的，也就是显示在元素之外的。其实列表标记图案的位置是可以更换的，CSS中的list-style-position属性就提供了这个功能。

list-style-position属性用于声明在何处放置列表项标记，即确定列表标志相对于列表项内容的位置。外部（outside）标记会放在离列表项边框边界一定距离处，不过这距离在CSS中未定义。内部（inside）标记处理为像是插入在列表项内容最前面的行内元素一样。

list-style-position的值有以下几种。

- **inside**：列表项目标记放置在文本以内，且环绕文本根据标记对齐。
- **outside**：默认值。保持标记位于文本的左侧。列表项目标记放置在文本以外，且环绕文本不根据标记对齐。
- **inherit**：规定应该从父元素继承list-style-position属性的值。

4. 列表属性简写格式list-style

如果三个列表属性每个都需要设置，则需要写三次。如果觉得太麻烦，可以选择把这些属性的值写在一个声明中，即使用list-style简写属性。

list-style：在一个声明中指定所有列表属性。

可以设置的属性（按顺序）：list-style-type，list-style-position，list-style-image。

可以不设置其中的某个值，比如 "list-style：circle inside；" 也是允许的。未设置的属性会使用其默认值。

list-style的属性值有以下几种。

- **list-style-type**：设置列表项标记的类型。
- **list-style-position**：设置在何处放置列表项标记。
- **list-style-image**：使用图像来替换列表项的标记。
- **initial**：将这个属性设置为默认值。
- **inherit**：规定应该从父元素继承list-style属性的值。

经验之谈 使用 CSS 缩写

虽然Dreamweaver会提供大部分CSS规则和属性，但有时用户需要编写自己的CSS规则和属性。这里可以选择完整写出所有属性，也可以使用简写方法。简写不仅使网页设计师的工作更容易，而且还减少了必须下载和处理的代码总数。

例如，当边距或填充的所有属性相同时，以下规则可以简写为margin:15px;。

margin-top: 15px; margin-right: 15px; margin-bottom: 15px; margin-left: 15px;。

当顶部、底部和左右边距或者填充完全相同时，以下规则可以简写为margin:4px 12px;。

margin-top:4px; margin-right: 12px; margin-bottom: 4px; margin-left: 12px;。

即使4个属性完全不同，以下规则仍然可以简写为margin:25px 21px 16px 9px;。

margin-top:25px; margin-right: 21px; margin-bottom:16px; margin-left: 9px;。

通过使用CSS简写格式，可以省略很多代码，从而减轻网页制作负担。

上手实操

实操一：排版网页

本案例将练习使用CSS排版网页，涉及的知识点包括Div的添加、CSS样式的设置等，效果如图6-46所示。

设计要领

- 打开素材文件，添加Div标签并命名。
- 新建CSS规则，并进行设置。
- 重复操作，直至完成最终效果。
- 保存文件，按F12键预览。

图 6-46

实操二：替换网页背景

本案例将练习替换网页背景，替换后效果如图6-47所示。涉及的知识点包括设置CSS样式等。

设计要领

- 打开本章素材文件，打开"CSS设计器"对话框。
- 选中body标签选择器，选中<body>标签，在"CSS规则定义"对话框中进行设置。
- 保存文件，按F12键预览。

图 6-47

第7章
利用 Div+CSS 布局网页

内容概要

传统布局采用Table标签，容易在网页中产生大量代码，使网页代码可读性大大降低，同时影响网页的下载速度。使用Div+CSS布局，则能节省页面代码，使页面代码结构更清晰，下载速度更快，也为网站后期维护带来了诸多便捷。

知识要点

- 区别使用Div和Span。
- 创建Div基本操作。
- 创建并设置AP Div基本操作。
- 使用Div+CSS布局的方法。

数字资源

【本章案例素材来源】："素材文件\第7章"目录下
【本章案例最终文件】："素材文件\第7章\案例精讲"目录下

案例精讲 制作美味西餐厅网页

案/例/描/述

目前大部分网页都是采用Div+CSS布局，与表格布局相比，Div+CSS更加灵活便捷，页面代码也更为精简，加载速度也更快。本案例将练习使用Div+CSS布局来制作美味西餐厅网页。

扫码观看视频

案/例/详/解

步骤 01 打开Dreamweaver软件，执行"文件"→"新建"命令，新建一个网页文档"index.html"并保存，使用相同的方法，新建"css.css"和"layout.css"两个CSS文件并保存，如图7-1和图7-2所示。

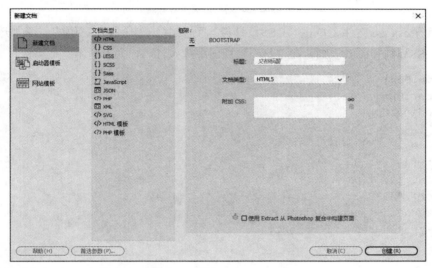

图 7-1

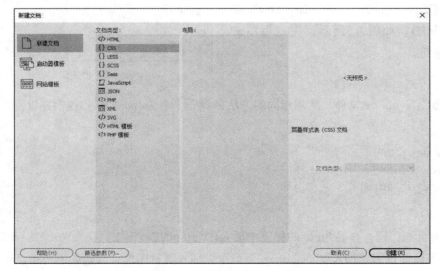

图 7-2

步骤 02 执行"窗口"→"CSS设计器"命令，打开"CSS设计器"面板，单击"源"左侧的"添加CSS源" ✚ 按钮，在弹出的快捷菜单中选择"附加现有的CSS文件"命令，在弹出的"使用现有的CSS文件"对话框中，单击"浏览"按钮选择合适的文件，如图7-3和图7-4所示。完成后单击"确定"按钮，链接CSS样式到页面中。

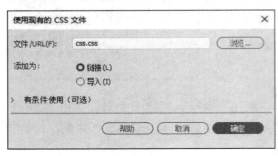

图 7-3

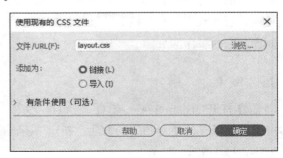

图 7-4

步骤 03 切换至css.css文件，单击"CSS设计器"面板中"选择器"左侧的"添加选择器"按钮，新建*CSS规则和body规则，在"代码"视图中输入代码，如下所示。

```
* {margin:0px;
    boder:0px;
    padding:0px;
}
body {
    font-family: "宋体";
    font-size: 12px;
    color: #333333;
    background-image: url(image/index_03.jpg);
    background-repeat: repeat;
}
```

步骤 04 切换至"设计"视图，单击"插入"面板中的"Div"按钮，打开"插入Div"对话框，设置ID，如图7-5所示。完成后单击"确定"按钮。

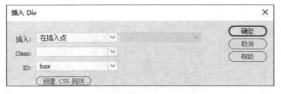

图 7-5

步骤 05 切换至layout.css文件，使用相同的方法创建一个名为#box的CSS规则并设置，代码如下所示。

```
#box {width: 960px;
    background-color: #FFFFFF;
    margin: auto;
}
```

步骤 06 切换至源代码，在名为box的标签中插入ID为top的Div标签，在名为top的标签中再插入一个Div标签，并执行"插入"→"Image"命令，插入素材图像，代码如下所示。

```
<div id="box">
    <div id="top">
        <div><img src="image/index_05.jpg" width="960" height="301" alt=""/>
        </div>
    </div>
</div>
```

步骤 07 使用相同的方法，在图像的Div之后插入一个ID为nav的Div标签，并添加列表代码，新添加的Div代码如下。

```
<div id="nav">
    <ul>
        <li>网站首页</li>
        <li>关于我们</li>
        <li>新闻中心</li>
        <li>产品展示</li>
        <li>西餐文化</li>
        <li>人才招聘</li>
        <li>联系我们</li>
        <li>在线留言</li>
    </ul>
</div>
```

步骤 08 切换至layout.css文件，使用相同的方法创建名为#nav和#nav ul的CSS规则并设置，代码如下所示。

```
#nav {
    font-family: "微软雅黑";
    font-size: 14px;
    color: #000;
    text-align: center;
    height: 30px;
    width: 960px;
    background-color: #eaeaea;
}
#nav ul li {
    text-align: center;
    float: left;
    list-style-type: none;
    height: 25px;
    width: 105px;
    margin-top: 3px;
    margin-left: 7px;
}
```

这一步是为了控制导航栏列表的显示，效果如图7-6所示。

图 7-6

步骤 09 切换至源代码，在名为top的标签后插入一个ID为main的Div标签，切换至layout.css文件，创建CSS样式，如下所示。

```css
#main {
    height: 480px;
    width: 940px;
    margin-top: 10px;
    margin-right: 10px;
    margin-left: 10px;
}
```

步骤 10 切换至源代码，删除名为main的标签中的文本，然后插入ID为main-1和main-2的Div标签，代码如下。

```html
<div id="main">
  <div id="main-1">此处显示  id为 "main-1"的内容</div>
  <div id="main-2">此处显示  id为 "main-1"的内容</div>
</div>
```

步骤 11 切换至layout.css文件，创建名为#main-1的CSS规则，如下所示。

```css
#main-1{
    height: 230px;
    margin-bottom: 10px;
    border: 1px solid #CCC;
}
```

步骤 12 切换至源代码，在名为main-1的Div标签中添加代码，如下所示。

```
<h2><span>关于我们</span></h2>
     <dl>
          <dt><img src="image/01.jpg" border=:"0" /></dt>
          <dd>
               <p>缘聚西餐厅一直秉承"诚信为本 美味至上"的古训，以"金般品质、百年承诺"为
经营理念，以"打造中国西餐第一品牌"为目标。1985年在广东重新建立了自己的生产基地——缘
聚绿色金养殖基地。所有食材原料均出自本司养殖基地，绿色健康，食材处理精细，满足食客需要，深
得国内外美食爱好者的欢迎。目前缘聚已经成功实现产、供、销、研一体化目标，在福建、浙江、安
徽、云南、四川等省建立了30个生产基地、800+西餐厅，专注于制作法餐、意餐、英餐、下午茶等
西餐种类，经营菜色逾300多种。为做精、做专、做强、做名、做大缘聚品牌，缘聚西餐厅将不断研
发新菜色，推陈出新，使西餐在本土更为普遍……</p>
          </dd>
     </dl>
```

步骤 13 切换至layout.css文件，创建CSS规则，如下所示。

```
#main-1 h2,#left h2,#right h2 {
     height: 28px;
     border-bottom: 1px solid #dbdbdb;
}
#main-1 h2 span,#left h2 span,#right h2 span{
     font-size: 14px;
     color: #000;
     padding-left:20px;
     font-family: "微软雅黑";
     float: left;
     padding-top: 4px;
}
#main-1 dl{
     margin-top:15px;
     }
#main-1 dl dt{
     width:390px;
     height:140px;
     float:left;
     margin-right:20px;
     margin-left: 5px;
}
#main-1 dl dd{
     text-indent:24px;
     line-height:25px;
     margin-right: 10px;
}
```

上面的CSS代码是为了控制main-1标签中元素的显示。

步骤 14 设置完成后预览，显示效果如图7-7所示。

图 7-7

步骤 15 切换至源代码，删除main-2中的文本，分别插入ID为left和right的Div标签，代码如下。

```
<div id="main-2">
  <div id="left">此处显示  id为 "left"的内容</div>
  <div id="right">此处显示  id为 "right"的内容</div>
</div>
```

步骤 16 切换至layout.css文件，创建名为#left和#right的CSS规则，代码如下所示。

```
#left{
     border: 1px solid #CCC;
     width: 580px;
     float: left;
     height: 230px;
}
#right {
     float: right;
     width: 340px;
     border: 1px solid #CCC;
     height: 230px;
}
```

步骤 17 切换至源代码，在名为left的标签中添加代码，代码如下所示。

```
<h2><span>产品展示</span></h2>
```

```
     <ul>
         <li><img src="image/pic1.jpg" width="160" height="139" /></li>
         <li><img src="image/pic2.jpg" width="160" height="139" /></li>
         <li><img src="image/pic3.jpg" width="160" height="139" /></li>
     </ul>
```

步骤 18 切换至layout.css文件，创建CSS规则，以控制名为left标签中的元素的显示，代码如下所示。

```
#left ul li {
    width:160px;
    float:left;
    display:inline;
    text-align:center;
    margin-top: 15px;
    margin-bottom: 10px;
    margin-left: 25px;
}
```

步骤 19 切换至源代码，在名为right的标签中添加代码，代码如下所示。

```
<h2><span>新闻中心</span></h2>
        <ul>
            <li> 我公司成西餐行业首家通过FSSC22000认证企业</li>
            <li> 我公司荣获2020年金勺子奖</li>
            <li> 我公司成功举办西餐厨王争霸赛</li>
            <li> 我公司荣膺2020必去西餐厅排行榜第一名</li>
            <li> 我公司成功通过星其林三星审查</li>
            <li> 我公司分店突破1000家</li>
            <li> 我公司成功通过白珍珠餐厅检验</li>
            <li> 我公司荣获2020年十佳餐饮公司</li>
        </ul>
```

步骤 20 切换至layout.css文件，创建CSS规则，以控制名为right的标签中元素的显示，代码如下：

```
#right ul {
    line-height: 24px;
    margin-top: 10px;
    margin-left: 15px;
}

#right ul li {
    list-style-type: none;
}
```

步骤 21 切换至源代码，在box的Div结束标签之前插入一个ID为footer的Div标签，如下所示。

```
<div id="footer">此处显示   id为 "footer"的内容</div>
```

步骤 22 删除名为footer的标签中的文字，在其中添加定义列表代码，代码如下所示。

```
<div id="footer">
    <dl>
    <dt>关于我们   |   产品展示   |   新闻中心   |   联系我们   |   在线留言</dt>
    <dd>Copyright &copy;2021缘聚西餐厅</dd>
    </dl>
</div>
```

步骤 23 切换至layout.css文件，创建CSS规则，代码如下所示。

```
#footer {
    text-align: center;
    border-top-width: 5px;
    border-top-style: solid;
    border-top-color: #006600;
    margin-top: 10px;
}
#footer dl dt {
    height:28px;
    line-height:30px;
}
#footer dl dd {
    line-height:2;
}
```

步骤 24 保存文件，按F12键在浏览器中预览，效果如图7-8所示。

图 7-8

到这里，就完成了美味西餐厅网页的制作。

边用边学

7.1　CSS与Div布局基础

Div+CSS 是目前主流的网页布局方法，采用这种布局方法可以更精确地对网页元素进行定位，使网页显示更加灵活、美观，且维护方便。

■7.1.1　什么是Web标准

Web标准不是某一个标准，而是一系列标准的集合。网页主要由三部分组成：结构、表现和行为。对应的标准也分三方面。

1. 结构

结构用于对网页中用到的信息进行分类与整理。表示结构的标准语言主要包括XHTML和XML。

- XML是可扩展标记语言，最初设计是为了弥补SGML和HTML的不足，以强大的扩展性满足网络信息发布的需要，后来逐渐用于网络数据的转换和描述。
- XHTML是可扩展超文本标记语言，是在HTML4.0的基础上使用XML的规则对其进行扩展发展起来的，其目的就是实现HTML向XML的过渡。

2. 表现

表现用于对信息的版式、颜色和大小等形式进行控制。描述表现的标准语言主要包括CSS。

CSS是层叠样式表。W3C创建CSS标准的目的是以CSS取代HTML表格式布局、帧和其他表现的语言。纯CSS布局与结构式XHTML相结合能帮助设计师分离外观与结构，使站点的访问和维护更加容易。

3. 行为

行为是指文档内部的模型定义及交互行为，用于编写交互式的文档。表示行为的标准主要包括DOM和ECMAScript。

- DOM是文档对象模型，它定义了表示和修改文档所需的对象、这些对象的行为和属性以及这些对象之间的关系。DOM给Web设计者和开发者提供了一个标准的方法，用此方法可以访问站点中的数据、脚本和表现层的对象。
- ECMAScript是由ECMA国际组织制定的脚本程序设计语言。目前推荐遵循的是ECMAScript 262标准，像JavaScript或JScript脚本语言实际上是ECMA-262标准的扩展。

■7.1.2　Div概述

Div（Division，层）用来在页面中定义一个区域，使用CSS样式控制Div元素的表现效果。Div可以将复杂的网页内容分割成独立的区块，一个Div可以放置一个图片，也可以显示一行文本。简单来讲，Div就是容器，它可以存放任何网页显示元素。

使用Div可以实现网页元素的重叠排列，可以实现网页元素的动态浮动，可以控制网页元素的显示和隐藏，还可以实现对网页的精确定位，因此有时候也把Div看作是一种网页定位技术。

CSS（Cascading Style Sheet，层叠样式表）是一种描述网页显示外观的样式定义文件。Div（Division，层）是网页元素的定位技术，可以将复杂网页分割成独立的Div区块，再通过CSS技术控制Div的显示外观，这就构成了目前主流的网页布局技术：Div+CSS。

使用Div+CSS进行网页布局与传统的使用Table的布局技术相比，具有以下优点。

1. 节省页面代码

传统的Table技术在布局网页时经常会在网页中插入大量的<Table>、<tr>、<td>等标记，这些标记会造成网页结构更加臃肿，为后期的代码维护造成很大干扰。采用Div+CSS布局页面，则不会增加太多代码，也便于后期网页的维护。

2. 加快网页浏览速度

当网页结构非常复杂时，就需要使用嵌套表格完成网页布局，这就加重了网页下载的负担，使网页加载非常缓慢。采用Div+CSS布局网页，将大的网页元素切分成小的，从而加快了访问速度。

3. 便于网站推广

因特网中每天都有海量网页存在，这些网页需要有强大的搜索引擎。作为搜索引擎的重要组成——网络爬虫，肩负着检索和更新网页链接的职能。有些网络爬虫遇到多层嵌套表格网页时会选择放弃，这就使得这类网站不能被搜索引擎检索到，也就影响了该类网站的推广应用，而采用Div+CSS布局网页则会避免该类问题。

除此之外，使用Div+CSS网页布局技术还可以根据浏览窗口大小自动调整当前网页布局，同一个CSS文件可以链接到多个网页，实现网站风格统一、结构相似。Div+CSS网页布局技术已经取代了传统的布局方式，成为当今主流的网页设计技术。

⊘ 提示：Div与Span、Class和ID的区别

Div和Span都可以看作是容器，可以用来插入文本、图片等网页元素。所不同的是，Div是作为块级元素来使用，在网页中插入一个Div，一般都会自动换行。而Span是作为行内元素来使用的，可以实现同一行、同一个段落中的不同布局，达到引人注意的目的。一般会将网页总体框架先划分成多个Div，然后根据需要使用Span布局行内样式。

Class和ID可以将CSS样式和应用样式的标签相关联，作为标签的属性来使用。所不同的是，通过Class属性关联的类选择器样式一般都表示一类元素通用的外观，而ID属性关联的ID选择器样式则表示某个特殊的元素外观。

■ 7.1.3 创建Div

当需要使用Div进行网页布局或显示图片、段落等网页元素时，就可以在网页中创建Div区块。可以通过代码将<div></div>标签插入到HTML网页中，也可以通过可视化网页设计软件创建Div。

在Dreamweaver中创建Div非常简单，可以通过执行"插入>布局对象>Div标签"命令，也可以打开"插入"面板，切换到"布局"选项面板中单击"插入Div标签" 按钮。在网页中插入Div的具体步骤如下：

步骤 01 启动Dreamweaver，打开index.html文件，执行"插入"→"Div"命令，打开"插入Div"对话框，在对话框中设置参数，如图7-9所示。

步骤 02 完成后单击"确定"按钮，即可在网页中插入 Div，在Div中输入文字，如图7-10所示。

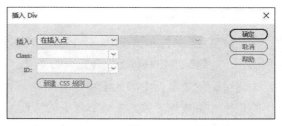

图 7-9

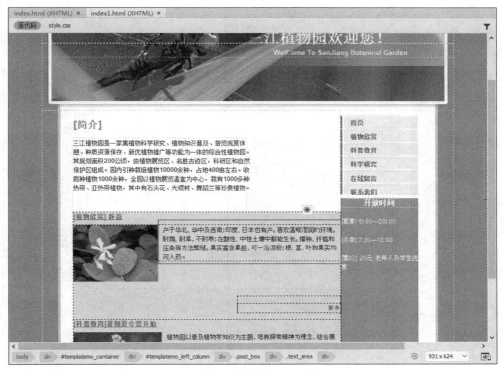

图 7-10

7.2 CSS布局方法

网页布局就是根据浏览器分辨率的大小确定网页的尺寸，然后根据网页的表现内容和风格将页面划分成多个板块，再在各自的板块中插入需要的网页元素，如文本、图像、Flash等。

传统的布局方法是使用表格，一个页面就是一张大表格，然后将大表格中对应的单元格插入具体的网页内容，这就给网页的维护和阅读带来很大麻烦，而且也影响网页的下载速度。

现在流行的一种布局就是CSS+Div的布局方法，将网页划分成的多个板块，使用Div表示，一个Div就是一个板块，再由CSS样式对Div进行定位和样式描述，将网页内容插入到Div中，这种布局方法不会为网页插入太多设计代码，使网页结构清晰明了，而且网页下载速度快。

要想使用CSS+Div布局方法，重点在于如何使用Div将网页划分成多个区块。网页的内容可能千篇一律，但是好的网页设计风格会让人眼前一亮，流连忘返。这就需要网页设计人员的经验和对网页的把握了。在进行Div布局之前，先介绍一下盒模型。

■ 7.2.1　盒模型

盒模型是CSS控制页面时一个很重要的概念，只有很好地掌握了盒模型以及其中每个元素的用法，才能熟练地控制页面中各元素的位置。

盒模型就是页面中的元素可以看成是一个盒子，占据着一定的页面空间。可以通过调整盒子的边框和距离等参数，来调节盒子的位置。

一个盒模型由content（内容）、border（边框）、padding（填充）和margin（边界）4部分组成，如图7-11所示。

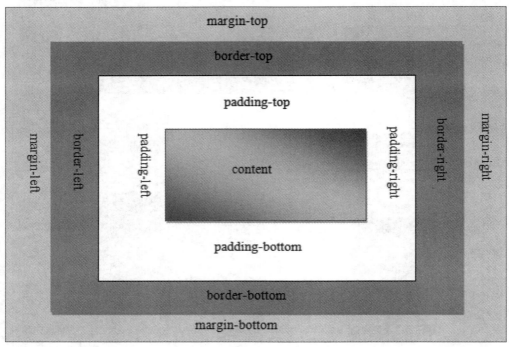

图 7-11

content位于最里面，是内容区域；其次是padding区域，该区域可用来调节内容显示和边框之间的距离；然后是边框，可以使用CSS样式设置边框的样式和粗细；最外面就是margin区域，用来调节边框以外的空白间隔。

每个区域都可再分为top、bottom、left、right四个方向，多个区域的不同组合就决定了盒子的最终显示效果。

在对盒子进行定位时，需要计算出盒子的实际宽度和高度，计算方法如下：

- **实际宽度**=margin-left+border-left+padding-left+width+padding-right+ border-right+ margin-right
- **实际高度**=margin-top+border-top+padding-top+height+padding-bottom+ border-bottom+ margin-bottom

在CSS中可以通过设定width和height的值来控制content的大小，并且对于任何一个盒子，都可以分别设定4条边各自的border、padding和margin。因此，只要利用好盒子的这些属性，就能够实现各种各样的排版效果。

■ 7.2.2 使用Div布局

在网页上，一个Div就是一个盒子。首先将页面划分成大的区块，然后将大区块划分成多个小区块，复杂页面的布局多使用Div嵌套。常见的几种使用Div布局的版面介绍如下。

1. 上中下型

采用该版面进行布局，将网页划分成header、container和footer三部分。header部分用来显示网页导航，container部分显示网页主体内容，footer部分则显示页脚内容，例如显示版权信息、管理员登录等。许多复杂的版面设计多是由该布局演变而来，所以该版面设计可以用于任何页面的布局，图7-12为该布局的显示效果。

图 7-12

对应的Div设计代码如下所示。

```
<body>Body
<div class="header">Header</div>
<div class="container">Container</div>
<div class="footer">Footer</div>
</body>
```

对应的CSS代码如下所示。

```
body{
    margin:100px 50px 100px 50px; /*设置间隔*/
    border:1px solid; /*设置边框*/
}
.header {
    height: 80px; /*设置高度*/
    width: 800px; /*设置宽度*/
    margin:10px auto; /*设置间隔*/
    border:1px solid; /*设置边框*/
```

```
}
.container {
    height: 400px; /*设置高度*/
    width: 800px; /*设置宽度*/
    margin:10px auto; /*设置间隔*/
    border:1px solid; /*设置边框*/
}
.footer{
    height: 80px; /*设置高度*/
    width: 800px; /*设置宽度*/
    margin:10px auto; /*设置间隔*/
    border:1px solid; /*设置边框*/
}
```

2. 左右下型

采用该版面进行布局，将网页划分成left、main和footer三部分，其中left部分和main部分显示在一个父容器container中。通常情况下，left部分用来显示网页一级或二级导航，main部分显示网页主体内容，footer部分则显示页脚内容。该版面设计常用于结构简单的网页布局，图7-13为该布局的显示效果。

图 7-13

对应的Div设计代码如下所示。

```
<body>Body
<div class="container">Container<br />
    <div class="left">Left</div>
    <div class="main">Main</div>
</div>
<div class="footer">Footer</div>
</body>
```

对应的CSS代码如下所示。

```
body{
     margin:100px 50px 100px 50px;   /*设置间隔*/
     border:1px solid; /*设置边框*/
}
.container {
     height: 400px;           /*设置高度*/
     width: 800px;            /*设置宽度*/
     margin:10px auto;        /*设置间隔*/
     border:1px solid;        /*设置边框*/
}
.left {
     float:left;          /*设置向左浮动*/
     height: 350px;           /*设置高度*/
     width: 150px;            /*设置宽度*/
     margin:10px auto;        /*设置间隔*/
     border:1px solid;        /*设置边框*/
}
.main {
     float:right;         /*设置向右浮动*/
     height: 350px;           /* 设置高度*/
     width: 600px;            /*设置宽度*/
     margin:10px auto;        /*设置间隔*/
     border:1px solid;        /*设置边框*/
}
.footer{
     clear:both;      /*清除左右浮动影响*/
     height: 80px;            /*设置高度*/
     width: 800px;            /*设置宽度*/
     margin:10px auto;        /*设置间隔*/
     border:1px solid;        /*设置边框
}
```

在设计left部分和main部分时，由于二者是嵌套在父容器container中显示的，需要增加float属性，该属性用来设置在父容器中的浮动位置，父容器位置发生变化，子容器位置自动变化。如果想要left部分和main部分显示位置互换，则只需要更改float属性值，让二者互换即可，图7-14为更换后的显示效果。为了不使浮动属性对footer部分的定位产生影响，则需要在footer中添加clear属性，清除浮动的影响。

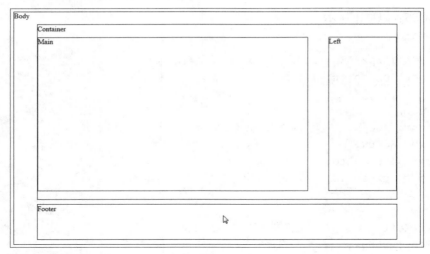

图 7-14

3. 上左右下型

该版面布局是前两个布局的组合，主要用于二级页面的布局。left部分用来显示二级导航，main部分显示网页内容，图7-15为该布局的显示效果。

图 7-15

对应的Div设计代码如下所示。

```
<body>Body
<div class="header">Header</div>
<div class="container">Container<br />
    <div class="left">Left</div>
    <div class="main">Main</div>
</div>
<div class="footer">Footer</div>
</body>
```

对应的CSS设计代码如下所示。

```
body{
margin:100px 50px 100px 50px;  /*设置间隔*/
border:1px solid;  /*设置边框*/
}
.header {
height: 80px;         /*设置高度*/
width: 800px;         /*设置宽度*/
margin:10px auto;     /*设置间隔*/
border:1px solid;     /*设置边框*/
}
.container {
height: 400px;        /*设置高度*/
width: 800px;         /*设置宽度*/
margin:10px auto;     /*设置间隔*/
border:1px solid;     /*设置边框*/
}
.left {
float:left;           /*设置向左浮动*/
height: 350px;        /*设置高度*/
width: 150px;         /*设置宽度*/
margin:10px auto;     /*设置间隔*/
border:1px solid;     /*设置边框*/
}
.main {
float:right;          /*设置向右浮动*/
height: 350px;        /*设置高度*/
width: 600px;         /*设置宽度*/
margin:10px auto;     /*设置间隔*/
border:1px solid;     /*设置边框*/
}
.footer{
clear:both;           /*清除左右浮动影响*/
height: 80px;         /*设置高度*/
width: 800px;         /*设置宽度*/
margin:10px auto;     /*设置间隔*/
border:1px solid;     /*设置边框*/
}
```

其他更复杂的版面多是由普通的Div布局嵌套实现的，这里不再做过多描述。

经验之谈 制作首字下沉效果

在Dreamweaver软件中，可以通过CSS的float与padding属性设置首字下沉效果。

打开Dreamweaver软件，新建网页文档，并通过<p>和<span>标签输入一段文本，代码如下：

```
<!doctype html>
<html>
<head>
<meta charset "utf-8">
<title>首字下沉</title>
<style type "text/css">
.span {
}
</style>
</head>
<body>
<p><span>那</span>是力争上游的一种树，笔直的干，笔直的枝。它的干呢，通常是丈把高，像是
加以人工似的，一丈以内绝无旁枝。它所有的枝丫呢，一律向上，而且紧紧靠拢，也像是加以人工似
的，成为一束，绝无横斜逸出。它的宽大的叶子也是片片向上，几乎没有斜生的，更不用说倒垂了；
它的皮，光滑而有银色的晕圈，微微泛出淡青色。这是虽在北方的风雪的压迫下却保持着倔强挺立的
一种树。哪怕只有碗来粗细罢，它却努力向上发展，高到丈许，二丈，参天耸立，不折不挠，对抗着
西北风。</p>
</body>
</html>
```

执行"窗口"→"CSS设计器"命令，打开"CSS设计器"面板，单击"添加CSS源"按钮，在弹出的下拉列表中选择"在页面中定义"命令，如图7-16所示。单击"添加选择器"按钮，新建选择器，如图7-17所示。

图 7-16 图 7-17

在"属性"面板中选择CSS选项卡，在"目标规则"下拉列表中选择"span"选项，然后单击"编辑规则"按钮，打开"span的CSS规则定义"对话框进行设置，如图7-18和图7-19所示。

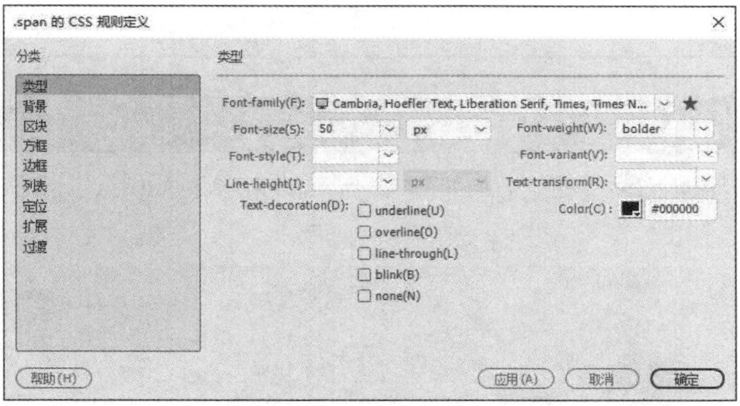

图 7-18

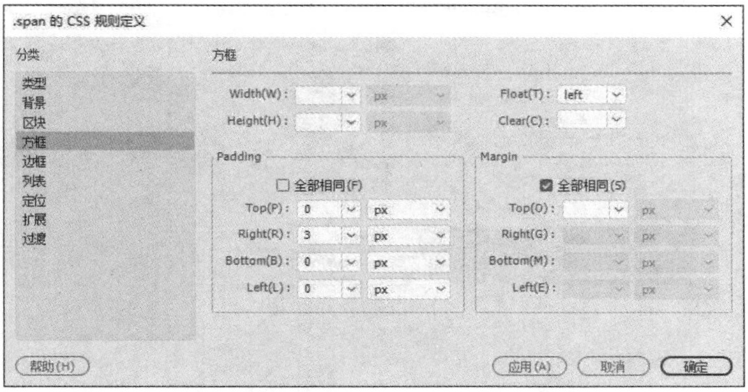

图 7-19

完成后单击"确定"按钮，在"CSS设计器"面板中双击".span"选择器，修改名称为"span"，效果如图7-20所示。

图 7-20

上手实操

实操一：制作个人主页

本案例将练习制作个人主页，效果如图7-21所示。涉及到的知识点包括Div的创建、CSS样式的设置等。

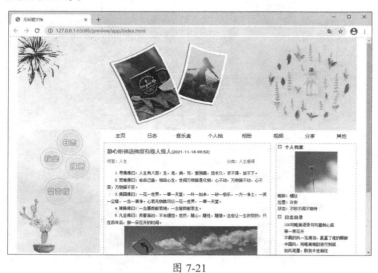

图 7-21

设计要领

- 新建网页文档，新建CSS文件，并链接至网页文档。
- 插入Div，设置CSS样式。
- 插入图片、文字，并赋予CSS样式。
- 保存文件，按F12键预览。

实操二：制作公司网站

本案例将练习制作公司网站，如图7-22所示。设计的知识点包括插入Div、CSS样式的设置等。

图 7-22

设计要领

- 新建网页文档，新建CSS文件，并链接至网页文档。
- 新建CSS规则，插入Div。
- 插入图片、文字，并进行设置。
- 保存文件，按F12键预览。

第8章

利用 canvas 绘制图形

内容概要

  canvas是一种新的HTML元素，本质上是一块矩形画布，用户可以通过JavaScript语言在canvas上绘制图形，或者制作简单的动画。本章将针对canvas的一些知识进行介绍，通过本章的学习，可以帮助用户了解一些语言的意义，更好地绘制图形。

知识要点

- 认识canvas。
- 学会使用canvas。
- 使用canvas绘制图像。

数字资源

【本章案例素材来源】："素材文件\第08章"目录下
【本章案例最终文件】："素材文件\第08章\案例精讲"目录下

案例精讲 使用 canvas 绘制简单图形

案 / 例 / 描 / 述

　　canvas本质上是一个矩形区域，用户通过调整该区域内的每一个像素，绘制图形。本案例将练习使用canvas绘制正圆并设置颜色等参数。

案 / 例 / 详 / 解

步骤 **01** 打开Dreamweaver软件，执行"文件"→"新建"命令，新建网页文档，如图8-1所示。

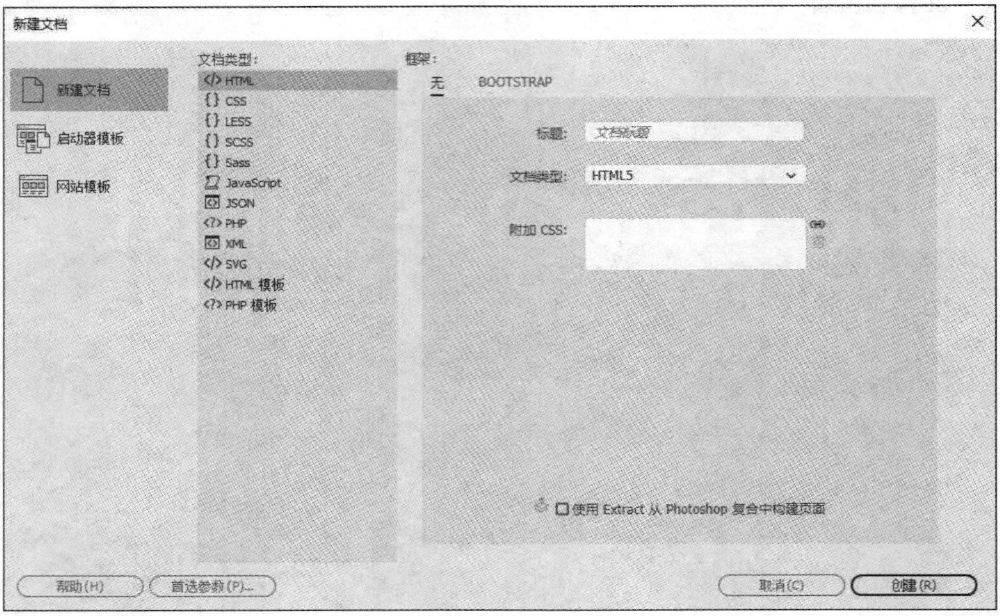

图 8-1

步骤 **02** 切换至"拆分"视图，修改<title></title>标签中间的文本信息，代码如下所示。

```
<!doctype html>
<html>
<head>
<meta charset="utf-8">
<title>绘制正圆</title>
</head>

<body>
</body>
</html>
```

步骤 **03** 移动光标至<body></body>标签之间，执行"插入"→"HTML"→"canvas"命令，插入画布对象，如图8-2所示。

步骤 **04** 在"属性"面板中的ID文本框中输入myCanvas，在W文本框中输入400，在H文本框中输入300，设置canvas属性，如图8-3所示。

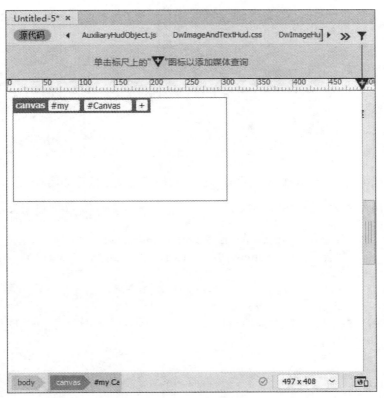

图 8-2

图 8-3

步骤 05 在代码视图中为<canvas>标签添加style属性，定义画布边框和填充，如图8-4所示。代码如下：

```
<style>
canvas{
border:3px solid black;
background: #FDFFC3;
}
</style>
```

步骤 06 在代码视图中</canvas>标签之后输入以下代码，定义正圆，如图8-5所示。代码如下：

```
<script type="text/javascript">
//获取Canvas对象(画布)
var canvas = document.getElementById("myCanvas");
//简单地检测当前浏览器是否支持Canvas对象，以免在一些不支持html5的浏览器中提示语法错误
if(canvas.getContext){
    //获取对应的CanvasRenderingContext2D对象(画笔)
    var ctx = canvas.getContext("2d");
    //开始一个新的绘制路径，并设置线宽
    ctx.beginPath();
    ctx.lineWidth=4;
    //设置弧线的颜色为橘色，填充白色
    ctx.fillStyle="white";
    ctx.strokeStyle = "orange";
    var circle = {
        x : 200,   //圆心的x轴坐标值
        y : 150,   //圆心的y轴坐标值
        r : 100    //圆的半径
    };
    //以canvas中的坐标点(200,150)为圆心，绘制一个半径为100px的圆形
    ctx.arc(circle.x, circle.y, circle.r, 0, Math.PI * 2, true);
    //按照指定的路径绘制弧线
    ctx.fill();
     ctx.stroke();
}
</script>
```

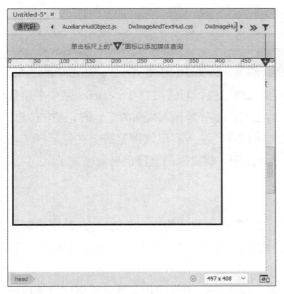

图 8-4

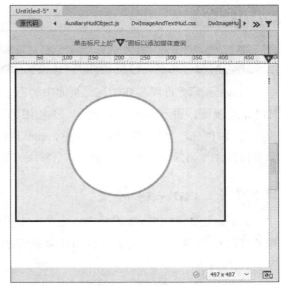

图 8-5

步骤 07 切换至实时视图，效果如图8-6所示。

步骤 08 保存文件，按F12键在浏览器中预览，效果如图8-7所示。

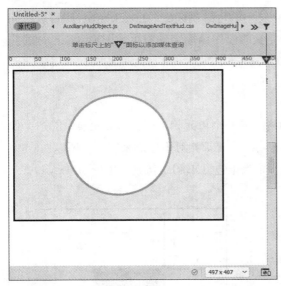

图 8-6

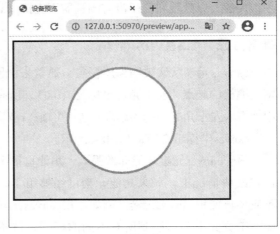

图 8-7

至此，便完成了使用canvas绘制正圆的操作。

边用边学

8.1 canvas入门

canvas元素允许脚本在浏览器页面中动态地渲染点阵图像，新的 HTML5 canvas 是一个原生HTML绘图簿，用于JavaScript代码，不使用第三方工具。尽管跨所有Web浏览器的完整HTML5支持还没有完成，但在新增的支持中，canvas已经可以在几乎所有现代浏览器上良好运行了，只是微软浏览器除外。幸运的是，一个解决方案已经出现，将微软浏览器也包含进来了。

■ 8.1.1 canvas 含义

canvas是HTML5新增的元素，它是一个可以使用脚本（通常为JavaScript）在其中绘制图像的HTML元素。它可用来制作照片集或者制作简单的动画，甚至可以进行实时视频处理和渲染。

<canvas>标签最初由苹果内部自己使用的MacOS X WebKit中推出，是供应用程序像使用仪表盘一样使用的构件，供Safari浏览器使用。后来，采用Gecko内核的浏览器（尤其是Mozilla和Firefox）、Opera和Chrome等主流浏览器都支持它，于是超文本网络应用技术工作组建议，下一代网络技术使用该元素。

canvas是由HTML代码配合高度和宽度属性定义出的可绘制区域。JavaScript代码可以访问该区域，类似于其他通用的二维API，通过一套完整的绘图函数来动态生成图形。canvas的应用很广泛，以致现在几乎没有浏览器不支持<canvas>标签了。

■ 8.1.2 canvas 坐标

canvas元素默认被网格所覆盖。通常来说网格中的一个单元相当于canvas元素中的一个像素，栅格的起点为左上角，坐标为（0,0）。所有元素的位置都相对于原点来定位。所以图8-8中中间方块左上角的坐标为距离左边（Y轴）x像素，距离上边（X轴）y像素（坐标为（x,y））。

canvas坐标示意图，如图8-8所示。

尽管canvas元素功能非常强大，用处也很多，但在某些情况下，如果其他元素已经够用了，就不应该再使用canvas元素。例如，用canvas元素在HTML页面中动态绘制所有不同的标题，就不如直接使用标题样式标签（H1、H2等），它们所实现的效果是一样的。

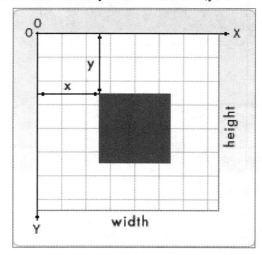

图 8-8

8.2 使用canvas

canvas结合JavaScript可以在Dreamweaver软件中绘制简单的常见图形，如矩形、圆、直线等。本节将针对canvas的使用方法进行介绍。

■ 8.2.1 在页面中加入 canvas

在HTML页面中插入canvas元素非常直观。以下代码就是一段可以被插入到HTML页面中的canvas代码。

```
<canvas width="400" height="300"></canvas>
```

以上代码会在页面上显示出一块400×300像素的区域。但是现在在浏览器中是看不见该区域的，若需要很直观地在浏览器中预览效果，可以为canvas添加一些CSS样式，如添加边框和背景色等。

例如，绘制一浅绿色矩形，示例代码如下所示。

```
<!DOCTYPE html>
<html lang="en">
<head>
<meta charset="UTF-8">
<title>canvas</title>
<style>
canvas{
border:3px solid black;
background: #B2E0D4;
}
</style>
</head>
<body>
<canvas id="diagonal" width="400" height="300"></canvas>
</body>
</html>
```

代码的运行效果如图8-9所示。

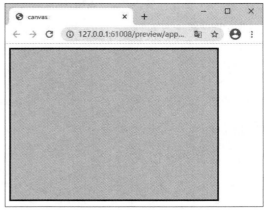

图 8-9

现在页面上已经有一个带有边框和浅绿色背景的矩形，这个矩形就是接下来的画布了。在没有canvas的时候想在页面上画一条对角线是非常困难的，但是自从有了canvas之后，绘制对角线的工作就变得很轻松了。在下面的代码中，只需要几行代码即可在"画布"中绘制一条标准的对角线了。

绘制对角线的示例代码如下所示。

```
<!DOCTYPE html>
<html>
<head>
<meta charset="UTF-8">
<title>Demo</title>
</head>
<body>
<canvas id="myCanvas" width="400px" height="300px" style="border:3px
solid black;background:#B2E0D4;">
</canvas>
<script type="text/javascript">
var canvas = document.getElementById("myCanvas");
if(canvas.getContext){
    var ctx = canvas.getContext("2d");
    ctx.beginPath();
    //定义直线的起点坐标为(0,0)
    ctx.moveTo(0, 0);
    //定义直线的终点坐标为(400,300)
    ctx.lineTo(400, 300);
    //沿着坐标点顺序的路径绘制直线
    ctx.stroke();
    //关闭当前的绘制路径
    ctx.closePath();
}
</script>
</body>
</html>
```

代码的运行效果如图8-10所示。

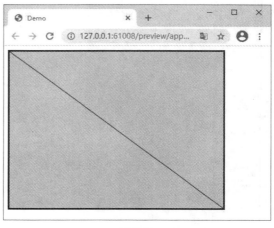

图 8-10

■ 8.2.2 绘制矩形和五角形

本节将练习在页面中利用canvas绘制矩形与三角形，从而对canvas有一个进一步的认识。

1. 绘制矩形

canvas元素只是一个绘制图形的容器，除了id、class、style等属性外，还有height和width属性。在canvas元素上绘图主要有三步。

第1步：获取<canvas>标签对应的DOM对象，这是一个canvas对象。

第2步：调用canvas对象的getContext()方法，得到一个CanvasRenderingContext2D对象。

第3步：调用CanvasRenderingContext2D对象进行绘图。

绘制矩形过程中rect()、fillRect()和strokeRect()函数的定义内容如下：

- context.rect(x , y , width , height)：只定义矩形的路径。
- context.fillRect(x , y , width , height)：直接绘制出填充的矩形。
- context.strokeRect(x , y , width , height)：直接绘制出矩形边框。

同时绘制两个矩形的canvas画布的HTML代码如下。

```
<canvas id="demo" width="300" height="300"></canvas>
```

完整代码如下：

```
<!doctype html>
<html>
<head>
<meta charset="utf-8">
<title>无标题文档</title>
</head>
<body>
<canvas id="demo" width="300" height="300"></canvas>
</body>
<script>
var canvas=document.getElementById("demo");
var context = canvas.getContext("2d");
//使用rect方法
context.rect(10,10,190,190);
context.lineWidth = 2;
context.fillStyle = "#fff3a2";
context.strokeStyle = "#ffdfa2";
context.fill();
context.stroke();
//使用fillRect方法
context.fillStyle = "#c9f6cf";
context.fillRect(210,10,190,190);
//使用strokeRect方法
context.strokeStyle = "#4abf5b";
context.strokeRect(410,10,190,190);
//同时使用strokeRect方法和fillRect方法
```

```
context.fillStyle = "#c9f6cf";
context.strokeStyle = "#4abf5b";
context.strokeRect(610,10,190,190);
context.fillRect(610,10,190,190);
</script>
</html>
```

代码的运行效果如图8-11所示。

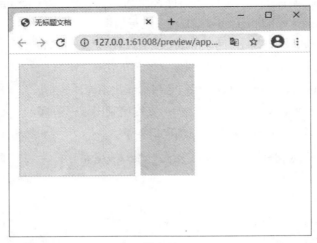

图 8-11

> **提示**：fillStyle或strokeStyle属性的设置
> stroke()和fill()绘制的前后顺序，如果fill()后面绘制，那么当stroke边框较大时，会明显地把stroke()绘制出的边框遮住一半；设置fillStyle或strokeStyle属性时，可以通过"rgba(255,0,0,0.2)"的设置方式来设置，这个设置的最后一个参数是透明度。

2. 绘制五角形

canvas画布设置的HTML代码如下所示。

```
<canvas id="canvas" width="500" height="500"></canvas>
```

五角星绘制的完整代码如下所示。

```
<!doctype html>
<html>
<head>
<meta charset="utf-8">
<title>无标题文档</title>
</head>

<body>
<canvas id="canvas" width="500" height="500"></canvas>
</body>
<script>
```

```
var canvas = document.getElementById("canvas");
    var context = canvas.getContext("2d");
    context.beginPath();
    //设置是个顶点的坐标，根据顶点制定路径
    for (var i = 0; i < 5; i++) {
        context.lineTo(Math.cos((18+i*72)/180*Math.PI)*200+200,
                          -Math.sin((18+i*72)/180*Math.PI)*200+200);
        context.lineTo(Math.cos((54+i*72)/180*Math.PI)*80+200,
                          -Math.sin((54+i*72)/180*Math.PI)*80+200);
    }
    context.closePath();
    //设置边框样式以及填充颜色
    context.lineWidth="2";
    context.fillStyle = "#f5ec00";
    context.strokeStyle = "#ff0000";
    context.fill();
    context.stroke();
</script>
</html>
```

代码的运行效果如图8-12所示。

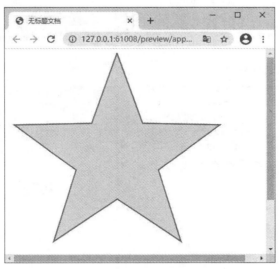

图 8-12

通过绘制矩形和五角星形可以发现，利用fillStyle和strokeStyle属性可以方便地设置矩形的填充和线条，颜色值使用和CSS一样，包括十六进制数、rgb()、rgba()和hsla。

● 使用fillRect可以绘制带填充的矩形。

● 使用strokeRect可以绘制只有边框没有填充的矩形。

● 如果要清除部分canvas，可以使用clearRect。

以上几个方法的参数都是相同的，包括x、y、width和height。

■ 8.2.3 检测浏览器是否支持

在创建HTML5 canvas元素之前，需要确保浏览器能够支持它。如果不支持，就要为那些古董级浏览器提供一些替代文字。下面的代码就是检测浏览器支持情况的一种方法。

浏览器的支持情况检测代码如下所示。

```
<!doctype html>
<html>
<head>
<meta charset="utf-8">
<title>无标题文档</title>
</head>
<body>
<canvas id="test-canvas" width="200" heigth="100">
<p>你的浏览器不支持Canvas</p>
</canvas>
</body>
<script>
var canvas = document.getElementById('test-canvas');
if (canvas.getContext) {
alert('你的浏览器支持Canvas!');
} else {
alert('你的浏览器不支持Canvas!');
}
</script>
</html>
```

代码的运行效果如图8-13所示。

图 8-13

上面的代码首先创建一个canvas对象，并且获取其上下文。如果发生错误，则可以捕获错误，进而得知该浏览器不支持canvas元素。页面中预更新该元素的内容，可以反映出浏览器的支持情况。

8.3 绘制曲线路径

canvas提供了绘制矩形的API，但对于曲线，并没有提供直接可以调用的方法。所以，可以通过canvas的路径来绘制曲线。通过路径，可以在canvas中绘制线条、连续的曲线及复合图形。下面将介绍用canvas的路径绘制曲线的方法。

■ 8.3.1 绘制路径的方法

HTML5 Canvas API中的路径可以绘制任何形状。前面绘制的对角线示例就是绘制一条路径，下面代码中调用beginPath()即是要开始绘制路径了。实际上，路径可以是很复杂的，它可以是多条线，可以是曲线段，甚至可以是子路径。

第一个需要调用的就是beginPath()。这个简单的函数不带任何参数，它用来通知canvas将要开始绘制一个新的图形了。对于canvas来说，beginPath()函数最大的用处是canvas需要据此来计算图形的内部和外部范围，以便完成后续的描边和填充。

路径会跟踪当前坐标，默认值是原点。canvas本身也跟踪当前坐标，不过可以通过绘制代码来修改。

调用beginPath()之后，就可以使用context的各种方法来绘制想要的形状了。到目前为止，已经用到了几个简单的context路径函数。

moveTo(x, y)：不绘制，只是将当前位置移动到新的目标坐标(x,y)。

lineTo(x, y)：不仅将当前位置移动到新的目标坐标(x,y)，而且会在两个坐标之间画一条直线。

上面两个函数的区别在于：moveTo()就像是提起画笔，移动到新位置，而lineTo()告诉canvas用画笔从纸上的旧坐标画条直线到新坐标。不过，不管调用它们中的哪一个，都不会真正画出图形，因为还没有调用stroke()或者fill()函数。目前，只是在定义路径的位置，以便后面绘制时使用。

路径的绘制代码如下所示。

```
<!DOCTYPE html>
<html lang="en">
<head>
<meta charset="UTF-8">
<title>canvas路径</title>
</head>
<body>
<canvas id="demo" width="300" height="300"></canvas>
</body>
<script>
function createCanopyPath(context) {
    context.beginPath();
    context.moveTo(-25, -50);
    context.lineTo(-10, -100);
    context.lineTo(-40, -140);
    context.lineTo(-10, -125);
    context.lineTo(-25, -170);
```

```
        context.lineTo(0, -140);
        context.lineTo(25, -170);
        context.lineTo(10, -125);
        context.lineTo(40, -140);
        context.lineTo(10, -100);
        context.lineTo(25, -50);
        // 连接起点，闭合路径
        context.closePath();
    }
    drawTrails();
    function drawTrails() {
        var canvas = document.getElementById('demo');
        var context = canvas.getContext('2d');
        context.save();
        context.translate(130, 250);
        createCanopyPath(context);
        // 绘制当前路径
        context.stroke();
        context.restore();
    }
    </script>
</html>
```

代码的运行效果如图8-14所示。

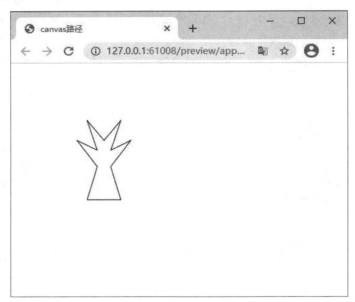

图 8-14

从上面的代码中可以看到，在JavaScript中第一个函数用到的仍然是前面用过的移动和画线命令，只不过调用次数多了一些。这些线条表现的是树冠的轮廓，最后闭合了路径。

第二个函数代码中，先获取canvas的上下文对象，保存以便后续使用；再将当前位置变换到新位置，画树冠，绘制到canvas上；最后恢复上下文的初始状态。

■ 8.3.2 描边的样式使用

如果开发人员只能绘制直线，而且只能使用黑色，HTML5 Canvas API就不会如此强大和流行了。下列代码展示了一些基本命令，其功能是通过修改context的属性，让绘制的图形更美观。

描边样式的示例代码如下所示。

```
<!DOCTYPE html>
<html lang="en">
<head>
<meta charset="UTF-8">
<title>canvas路径</title>
</head>
<body>
<canvas id="demo" width="300" height="300"></canvas>
</body>
<script>
function createCanopyPath(context) {
    context.beginPath();
    context.moveTo(-25, -50);
    context.lineTo(-10, -100);
    context.lineTo(-40, -140);
    context.lineTo(-10, -125);
    context.lineTo(-25, -170);
    context.lineTo(0, -140);
    context.lineTo(25, -170);
    context.lineTo(10, -125);
    context.lineTo(40, -140);
    context.lineTo(10, -100);
    context.lineTo(25, -50);
    // 连接起点，闭合路径
    context.closePath();
}
drawTrails();
function drawTrails() {
    var canvas = document.getElementById('demo');
    var context = canvas.getContext('2d');
    context.save();
    context.translate(130, 250);
    createCanopyPath(context);
    // 绘制当前路径
    context.stroke();
    context.restore();
    context.lineWidth = 4; // 加宽线条
    // 平滑路径的接合点
    context.lineJoin = 'round';
    // 修改颜色
    context.strokeStyle = '#ffac40';
    context.stroke();
```

```
}
</script>
</html>
```

代码的运行效果如图8-15所示。

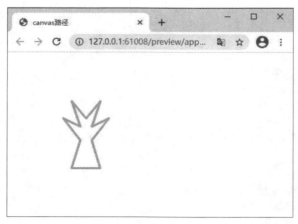

图 8-15

上图绘制描边样式的步骤如下：

第1步：将线条宽度加粗到4像素。

第2步：将lineJoin属性设置为"round"，这是修改当前形状中线段的连接方式，让拐角变得更圆滑；也可以把lineJoin属性设置成bevel或者miter（相应的context.miterLimit值也需要调整）来变换拐角样式。

第3步：通过strokeStyle属性改变线条的颜色。本例中使用的是十六进制格式来设置颜色。在后面几节中，将看到strokeStyle的值还可用于生成特殊效果的图案或者渐变色。

设置上面的这些属性可以改变以后将要绘制的图形外观，这个外观可以保持到将context恢复到上一个状态。

■ 8.3.3 填充和曲线的绘制方法

生活中，多数情况下不只有直线和矩形。canvas提供了一系列绘制曲线的函数和填充的样式。接下来将用最简单的曲线函数——二次曲线来绘制小路和为上文绘制的图形填充颜色。

颜色填充和曲线的绘制代码如下所示。

```
<!DOCTYPE html>
<html lang="en">
<head>
<meta charset="UTF-8">
<title>canvas绘制曲线</title>
</head>
<body>
<canvas id="demo" width="300" height="300"></canvas>
</body>
<script>
```

```
function createCanopyPath(context) {
    context.beginPath();
    context.moveTo(-25, -50);
    context.lineTo(-10, -100);
    context.lineTo(-40, -140);
    context.lineTo(-10, -125);
    context.lineTo(-25, -170);
    context.lineTo(0, -140);
    context.lineTo(25, -170);
    context.lineTo(10, -125);
    context.lineTo(40, -140);
    context.lineTo(10, -100);
    context.lineTo(25, -50);
    // 连接起点，闭合路径
    context.closePath();
}
drawTrails();
function drawTrails() {
    var canvas = document.getElementById('demo');
    var context = canvas.getContext('2d');
    context.save();
    context.translate(130, 250);
    createCanopyPath(context);
    // 绘制当前路径
    context.stroke();
    context.restore();
    context.lineWidth = 4; // 加宽线条
    // 平滑路径的接合点
    context.lineJoin = 'round';
    // 修改颜色
    context.strokeStyle = '#ffac40';
    context.stroke();
    context.fillStyle='#b9ff40';
    context.fill();
    // 保存canvas的状态并绘制路径
    context.save();
    context.translate(-10, 350);
    context.beginPath();
    // 第一条曲线向右上方弯曲
    context.moveTo(0, 0);
    context.quadraticCurveTo(170, -50, 260, -190);
    // 第二条曲线向右下方弯曲
    context.quadraticCurveTo(310, -250, 410,-250);
    // 使用棕色的粗线条来绘制路径
    context.strokeStyle = '#663300';
    context.lineWidth = 20;
    context.stroke();
    // 恢复之前的canvas状态
    context.restore();
```

```
}
</script>
</html>
```

代码的运行效果如图8-16所示。

quadraticCurveTo()函数绘制曲线的起
点是当前坐标，带有两组（x,y）参数。第
二组是指曲线的终点，第一组代表控制点
（control point）。所谓的控制点是位于曲线的
旁边（不是曲线之上），其作用相当于对曲
线产生一个拉力。通过调整控制点的位置，
就可改变曲线的曲率。在右上方再画一条一
样的曲线，以形成一条路。然后，像之前描
边形状一样把这条路绘制到canvas上。

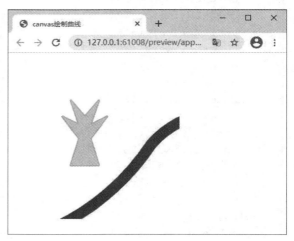

图 8-16

> **❶ 提示：填充**
>
> 将fillStyle属性设置成合适的颜色。然后，只要调用context的fill()函数就可以让canvas对当前图形中所有
> 的闭合路径内部的像素点进行填充。

8.4 绘制图像

除了绘制常见图形和曲线路径外，还可以利用canvasAPI生成和绘制图像。本节将使用
canvasAPI的基本功能来插入图像并绘制背景图像，并且通过实例来熟悉应用canvas变换，从而
对canvasAPI有一个更深刻的认识。

■ 8.4.1 使用 canvas 插入图片

在canvas中显示图片非常简单。可以通过修正层为图片添加印章、拉伸图片或者修改图片
等，并且图片通常会成为canvas上的焦点。用HTML5 Canvas API内置的几个简单命令就可以轻
松地为canvas添加图片内容。

页面中插入图像的代码如下所示。

```
<!DOCTYPE html>
<html lang="en">
<head>
    <meta charset="UTF-8">
    <title>插入图像</title>
    <style>
        canvas{
            border:3px red solid;
        }
```

```
    </style>
</head>
<body>
    <canvas id="cv" width="500" height="380"></canvas>
</body>
<script type="text/javascript">
function drawBeauty(beauty){
var mycv = document.getElementById("cv");
var myctx = mycv.getContext("2d");
myctx.drawImage(beauty, 0, 0);
}
function load(){
var beauty = new Image();
beauty.src = "01.jpg";
if(beauty.complete){
    drawBeauty(beauty);
}else{
    beauty.onload = function(){
        drawBeauty(beauty);
    };
    beauty.onerror = function(){
        window.alert('风景加载失败，请重试');
    };
};
}//load
if (document.all) {
    window.attachEvent('onload', load);
    }else {
    window.addEventListener('load', load, false);
    }
</script>
</html>
```

插入图像的效果如图8-17所示。

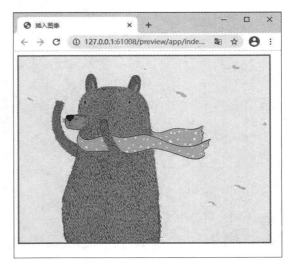

图 8-17

> **⚠ 提示：图像加载操作**
>
> 图片增加了canvas操作的复杂度，必须等到图片完全加载后才能对其进行操作。浏览器通常会在页面脚本执行的同时异步加载图片。如果试图在图片未完全加载之前就将其呈现到canvas上，那么canvas将不会显示任何图片。因此，开发人员要特别注意，在呈现之前，应确保图片已经加载完毕。

■ 8.4.2　渐变颜色的使用

渐变是指两种或两种以上的颜色之间的平滑过渡。在canvas中，可以实现线性渐变和扇形渐变两种渐变效果。

线性渐变的示例代码如下所示。

```
<!DOCTYPE HTML>
<html>
<head>
<title>线性渐变</title>
<meta charset="utf-8"/>
</head>
<body>
<canvas width="500px" height="500px" id="canvas"></canvas>
</body>
<script>
    var canvas=document.getElementById("canvas");
    var context=canvas.getContext("2d");
    var grad=context.createLinearGradient(0,0,400,0);
    //var grad=context.createLinearGradient(0,0,0,300);
    //var grad=context.createLinearGradient(0,0,400,300);
    grad.addColorStop(0,"#b8fffc");
    grad.addColorStop(0.4,"#fffdd7");
    grad.addColorStop(1,"#ffd7ec");
    context.fillStyle=grad;
    context.fillRect(0,0,400,300);
</script>
</html>
```

代码的运行效果如图8-18所示。

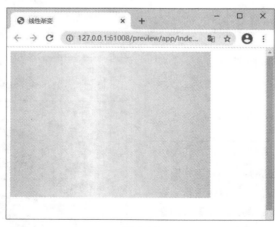

图 8-18

上面代码段中关键的一行代码是：

```
var lingrad = context.createLinearGradient(0,0,0,150);
```

它的意义是创建一个像素为400，由左到右的线性渐变。

```
grad.addColorStop(0,"#b8fffc");
grad.addColorStop(0.4,"#fffdd7");
grad.addColorStop(1,"#ffd7ec");
```

一个渐变可以有两种或更多种的色彩变化。沿着渐变方向，颜色可以在任何地方变化。要增加一种颜色变化，需要指定它在渐变中的位置。渐变位置可以在0和1之间任意取值。

```
context.fillStyle=grad;
context.fillRect(0,0,400,300);
```

如果想让颜色产生渐变的效果，就需要为这个渐变对象设置图形的fillStyle属性，并绘制这个图形。

接着绘制径向渐变，径向渐变的示例代码如下所示。

```
<!DOCTYPE HTML>
<html>
<head>
<title>径向渐变</title>
<meta charset="utf-8"/>
</head>
<body>
<canvas id="canvas" width="400px" height="300px"></canvas>
</body>
<script>
    var canvas=document.getElementById("canvas");
    var context=canvas.getContext("2d");
    var grad=context.createRadialGradient(200,0,100,200,300,100);
    //var grad=context.createRadialGradient(0,0,30,200,300,100);
    grad.addColorStop(0,"#598ce8");
    grad.addColorStop(1,"#d7e5ff");
    context.fillStyle=grad;
    context.fillRect(0,0,400,300);
</script>
</html>
```

代码的运行效果如图8-19所示。

上述代码context.createRadialGradient(200,0,100,200,300,100);所表示的含义如下。

200为渐变开始的圆心横坐标，0为渐变开始圆的圆心纵坐标，100为开始圆的半径，200为渐变结束圆的圆心横坐标，300为渐变结束圆的圆心纵坐标，100为结束圆的半径。

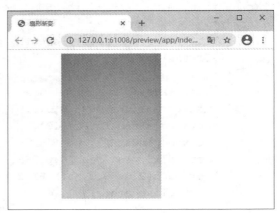

图 8-19

■ 8.4.3 变形图形的设置方法

绘制图形时，通过变换处理canvas的坐标轴，可以实现图形变形的效果。对坐标的变换处理，有如下3种方式。

（1）平移。

移动图形的绘制主要是通过translate方法来实现的，方法调用如下：

```
Context.translate(x,y);
```

translate方法使用两个参数：x表示将坐标轴原点向左移动若干个单位，默认情况下为像素；y表示将坐标轴原点向下移动若干个单位。

（2）缩放。

使用图形上下文对象的scale方法实现图像缩放。方法调用如下：

```
Context.scale(x,y);
```

scale方法使用两个参数：x是水平方向的放大倍数，y是垂直方向的放大倍数。要将图形缩小的时候，这两个参数都设置为0~1之间的小数即可，例如，0.1是指将图形缩小十分之一。

（3）旋转。

使用图形上下文对象的rotate方法将图形进行旋转。方法调用如下：

```
Context.rotate(angle);
```

rotate方法接受一个参数angle，angle是指旋转的角度，旋转的中心点是坐标轴的原点。旋转是以顺时针方向进行的，若要逆时针旋转，则将angle设定为负数即可。

旋转图像的示例代码如下所示。

```
<!doctype html>
<html>
<head>
<meta charset="utf-8">
<title>无标题文档</title>
</head>
<body>
<canvas id="myCanvas" width="500" height="300"></canvas>
<script>
    var ctx = document.getElementById('myCanvas').getContext("2d");
    ctx.translate(100,180);
    for (var i=1;i<50;i++){
        ctx.save();
        ctx.transform(0.95,0,0,0.95,35,35);
        ctx.rotate(Math.PI/-10);
        ctx.beginPath();
        ctx.fillStyle='rgba(0,0,255,'+(1-(i+15)/40)+')';
        ctx.arc(0,0,50,0,Math.PI*2,true);
        ctx.closePath();
        ctx.fill();
```

```
    }
</script>
</body>
</html>
```

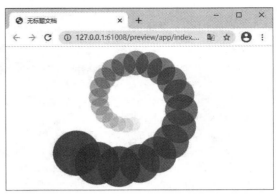

代码的运行效果如图8-20所示。

上述代码是通过绘制一个矩形，再在循环中反复使用平移坐标轴、图形缩放、图形旋转这3种技巧，最后绘制出了右图所示的变形图形。

图 8-20

■ 8.4.4 组合图形的绘制方法

使用canvas API可以将一个图形重叠绘制在另一个图形上面，但是图形中能够被看到的部分取决于以哪种方式进行组合。在HTML5中，只要用图形上下文对象的globalCompositeOperation属性就能自己决定图形的组合方式，使用方法如下：

```
Context. globalCompositeOperation=type
```

type值必须是下面的字符串之一。

● **source-over**：这是默认值，表示图形会覆盖在原图形之上。

● **destination-over**：表示会在原有图形之下绘制新图形。

● **source-in**：新图形会仅仅出现与原有图形重叠的部分，其他区域都变成透明的。

● **destination-in**：原有图形中与新图形重叠的部分会被保留，其他区域都变成透明的。

● **source-out**：只有新图形中与原有内容不重叠的部分会被绘制出来。

● **destination-out**：原有图形中与新图形不重叠的部分会被保留。

● **source-atop**：只绘制新图形中与原有图形重叠的部分和未被重叠覆盖的原有图形，新图形的其他部分变成透明的。

● **destination-atop**：只绘制原有图形中被新图形重叠覆盖的部分与新图形的其他部分，原有图形中的其他部分变成透明的，不绘制新图形中与原有图形相重叠的部分。

● **lighter**：两图形重叠部分做加色处理。

● **darker**：两图形重叠的部分做减色处理。

● **xor**：重叠部分会变成透明色。

● **copy**：只有新图形会被保留，其他都被清除掉。

重叠图像的示例代码如下所示。

```
<!doctype html>
<html>
<head>
<meta charset="utf-8">
<title>无标题文档</title>
</head>
```

```
<body>
<canvas id="myCanvas" width="500" height="300"></canvas>
<script>
    var c=document.getElementById("myCanvas");
    var ctx=c.getContext("2d");
        ctx.globalAlpha=0.5;//设置透明系数
    ctx.fillStyle="red";
    ctx.fillRect(100,50,150,100);
    ctx.beginPath();
    ctx.fillStyle = "#FF0099";
    ctx.arc(280,180,80,0,Math.PI*2,false);
    ctx.fill();
</script>
</body>
</html>
```

代码的运行效果如图8-21所示。

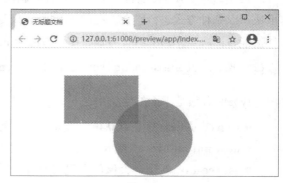

图 8-21

■ 8.4.5　使用 canvas 绘制文字

文本绘制由下面两个函数组成：

```
fillText(text,x,y,maxwidth);
strokeText(text,x,y,maxwidth);
```

这两个函数的参数需要完全相同，必选参数包括：文本参数text、用于指定文本位置的坐标参数x和y。maxwidth是可选参数，用于限制字体大小，它会将文本字体强制收缩到指定尺寸。此外，还有一个measureText函数可供使用，该函数会返回一个度量对象，其中包含了在当前context环境下指定文本的实际显示宽度。

为了保证文本在各浏览器下都能正常显示，canvas API为context提供了类似于CSS的属性，以此来保证实际显示效果的高度可配置。

使用canvas API进行文字绘制主要有如下几个属性。

● **font**：CSS字体字符串，用来设置字体。

● **textAlign**：设置文字水平对齐方式，属性值可以为start、end、left、right、center。

● **textBaseline**：设置文字的垂直对齐方式，属性值可以为top、hanging、middle、alphabetic、ideographic、bottom。

上面这些context属性赋值能够改变context，而访问context属性可以查询到其当前值。在下列代码中，首先创建了一段使用Impact字体的大字号文本，然后使用已有的树皮图片作为背景进行填充，并定义最大宽度和center（居中）对齐方式。

文字的绘制代码如下所示。

```
<!DOCTYPE html>
<html>
<head>
<meta charset="UTF-8">
<title>Canvas绘制文本文字</title>
</head>
<body>
<!-- 添加canvas标签，并加上蓝色边框以便于在页面上查看 -->
<canvas id="myCanvas" width="400px" height="300px" style="border:
3px solid blue;">
您的浏览器不支持canvas标签。
</canvas>
<script type="text/javascript">
//获取Canvas对象(画布)
var canvas = document.getElementById("myCanvas");
//简单地检测当前浏览器是否支持Canvas对象，以免在一些不支持HTML5的浏览器中提示语法错误
if(canvas.getContext){
    //获取对应的CanvasRenderingContext2D对象(画笔)
  var ctx = canvas.getContext("2d");
  //设置字体样式
  ctx.font = "40px Courier New";
  //设置字体填充颜色
  ctx.fillStyle = "black";
  //从坐标点(120,150)开始绘制文字
  ctx.fillText("绘制文字", 120, 150);
}
</script>
</body>
</html>
```

代码的运行效果如图8-22所示。

图 8-22

经验之谈 清除绘图

在canvas中绘制图形后，还可以根据需要清除绘制的图形。这里可以使用clearRect方法消除指定矩形区域内的对象，其语法格式如下：

```
context.clearRect(x,y,width,height);
```

接收参数即为要清除矩形的起始位置以及矩形的宽和高。打开Dreamweaver软件，输入代码创建椭圆，如图8-23所示。在绘图的代码最后添加该代码，显示效果如图8-24所示。

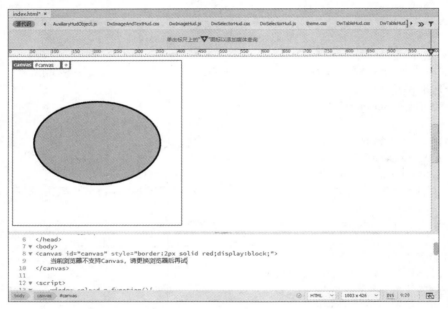

图 8-23

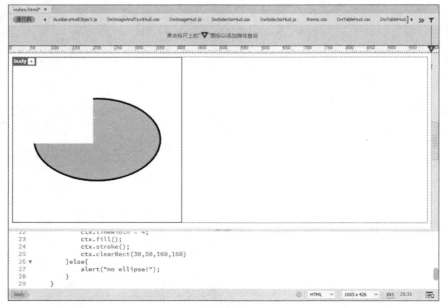

图 8-24

完整代码如下所示。

```
<!DOCTYPE html>
<html>
<head lang="en">
    <meta charset="UTF-8">
    <title>椭圆</title>
</head>
<body>
<canvas id="canvas" style="border:2px solid red;display:block;">
    当前浏览器不支持Canvas，请更换浏览器后再试
</canvas>

<script>
    window.onload = function(){
        var canvas = document.getElementById("canvas");
        var ctx=canvas.getContext('2d');
        canvas.width = 400;
        canvas.height = 400;
        if(ctx.ellipse){
            ctx.ellipse(200,200,150,100,0,0,Math.PI*2);
            ctx.fillStyle="pink";
            ctx.strokeStyle="black";
            ctx.lineWidth = 4;
            ctx.fill();
            ctx.stroke();
            ctx.clearRect(30,50,160,160)  //清除参数指定的矩形区域
        }else{
            alert("no ellipse!");
        }
    }

</script>
</body>
</html>
```

上手实操

实操一：绘制矩形旋转对象

本案例将练习绘制矩形变形对象，效果如图8-25所示。涉及到的知识点包括平移坐标轴、缩放图形、旋转图形等。

设计要领

- 新建网页文档，插入canvas。
- 输入代码。
- 保存文件，按F12键预览效果。

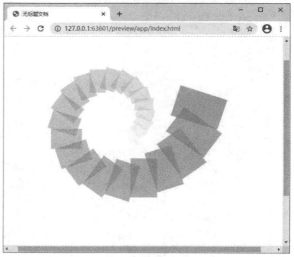

图 8-25

完整代码如下所示。

```html
<!doctype html>
<html>
<head>
<meta charset="utf-8">
<title>无标题文档</title>
</head>

<body>
<canvas id="myCanvas" width="700" height="700"></canvas>
<script>
    var ctx = document.getElementById('myCanvas').getContext("2d");
    ctx.translate(400,120);
    for (var i=1;i<30;i++){
        ctx.save();
        ctx.transform(0.95,0,0,0.95,25,50);
        ctx.rotate(Math.PI/10);
        ctx.beginPath();
        ctx.fillStyle='rgba(335,134,10,'+(1-(i+15)/40)+')';
        ctx.rect(0,0,120,80);
        ctx.closePath();
        ctx.fill();
    }
</script>
</body>
</html>
```

实操二：制作镂空文字

本案例将练习制作镂空文字，效果如图8-26所示。涉及到的知识点包括canvas制作文字、添加渐变颜色等。

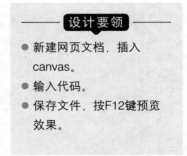

设计要领

● 新建网页文档，插入 canvas。
● 输入代码。
● 保存文件，按F12键预览 效果。

图 8-26

完整代码如下所示。

```
<!doctype html>
<html>
<head>
<meta charset="utf-8">
<title>镂空文字</title>
</head>
<body>
<canvas id="myCanvas" width="300" height="150"></canvas>
<script>
    var c=document.getElementById("myCanvas");
    var ctx=c.getContext("2d");

    ctx.font="30px Verdana";
    var re=ctx.createLinearGradient(0,0,c.width,0);
    re.addColorStop("0","pink");
    re.addColorStop("1.0","orange");
    ctx.strokeStyle=re;
    ctx.strokeText("Canvas绘制",30,60);

</script>


</body>
</html>
```

第**9**章

利用表单创建动态网页

内容概要

　　传统的静态网页只是被动的显示数据，而动态网页可以实现网页和用户之间的交互，在Dreamweaver软件中，可以通过表单制作动态网页，如调查表、登录信息、注册信息、产品动态显示等。本章将介绍Dreamweaver软件中的表单，通过本章的学习，可以了解常见的表单，并学会如何使用表单。

知识要点

- 认识表单。
- 学会应用表单。
- 了解基本表单元素。

数字资源

【本章案例素材来源】："素材文件\第09章"目录下
【本章案例最终文件】："素材文件\第09章\案例精讲"目录下

案例精讲 制作社区人员信息采集表

案/例/描/述 ——○

　　表单常用于在线调查、注册登录、在线报名等页面中。通过表单可以实现网页上的数据传输，使用户与服务器进行信息交流。本案例将使用表单制作社区人员信息采集表。

扫码观看视频

案/例/详/解 ——○

步骤01 打开Dreamweaver软件，执行"文件"→"新建"命令，新建网页文档，如图9-1所示。

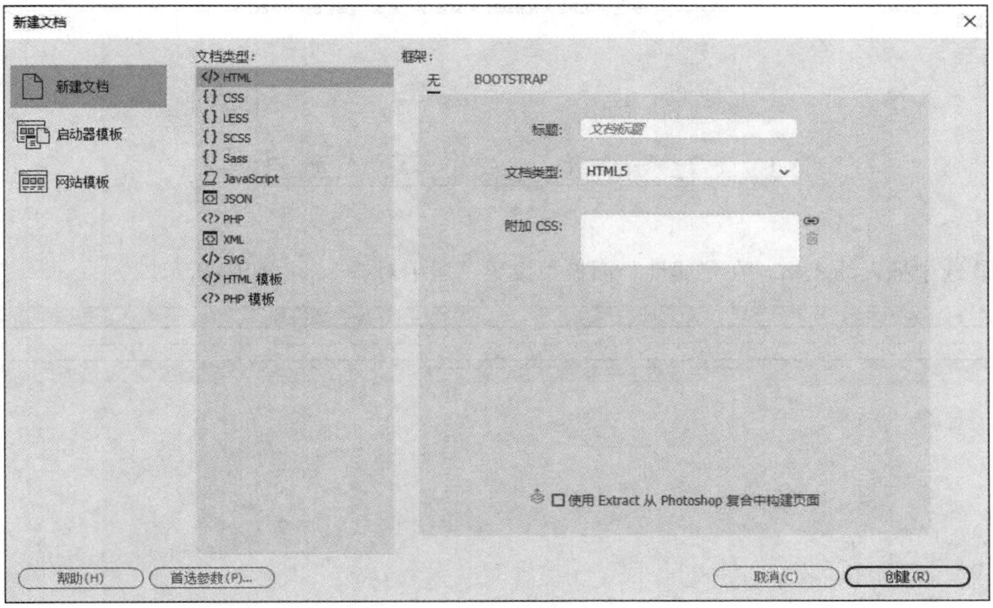

图 9-1

步骤02 单击"属性"面板中的"页面设置"按钮，打开"页面属性"对话框进行设置，如图9-2所示。完成后单击"应用"和"确定"按钮，完成页面设置。

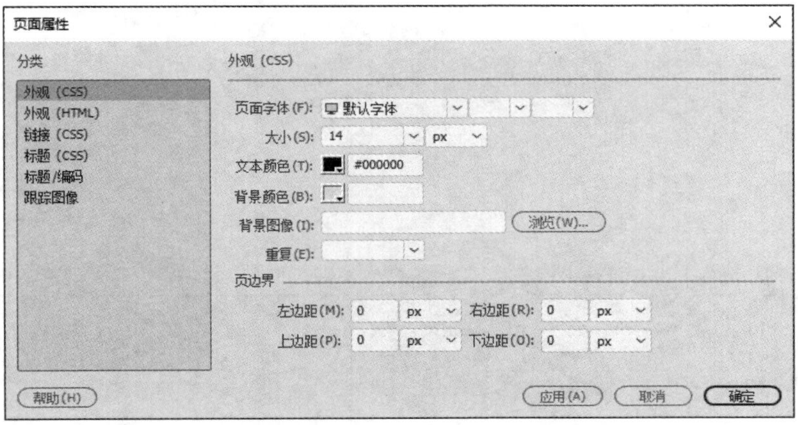

图 9-2

步骤 **03** 执行"插入"→"Table"命令，打开"Table"对话框，在该对话框中进行设置，如图9-3所示。完成后单击"确定"按钮，插入表格。

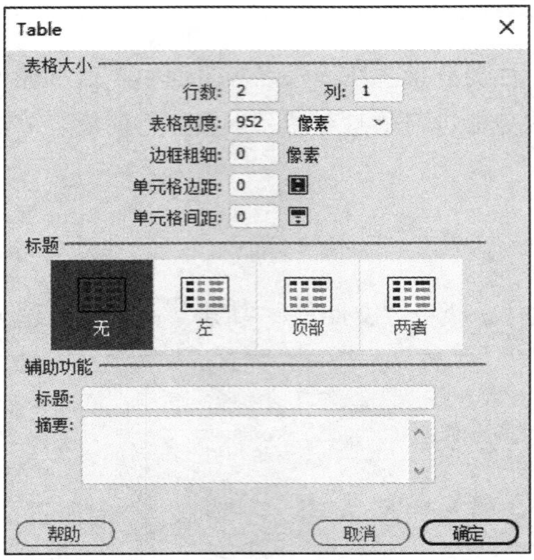

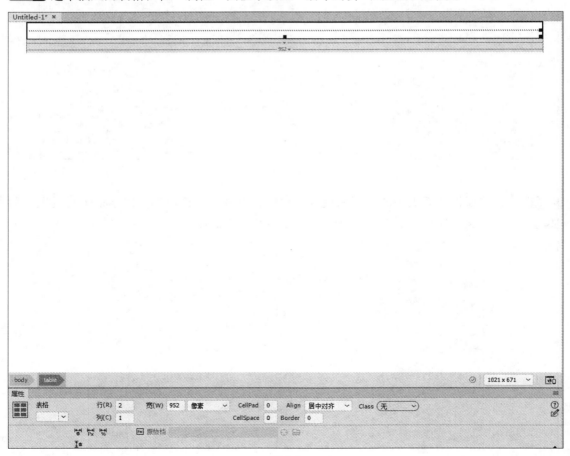

图 9-3

步骤 **04** 选中插入的表格，在"属性"面板中设置"居中对齐"，如图9-4所示。

图 9-4

步骤 05 移动光标至第1行的单元格，执行"插入"→"Image"命令，在打开的"选择图像源文件"对话框中选择要插入的图像素材，单击"确定"按钮，插入图像，如图9-5所示。

图 9-5

步骤 06 移动光标至第2行的单元格，执行"插入"→"表单"→"表单"命令，插入表单，如图9-6所示。

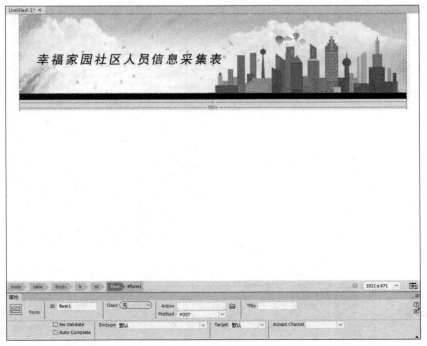

图 9-6

步骤 07 在表单中插入一个9行2列的表格，如图9-7所示。

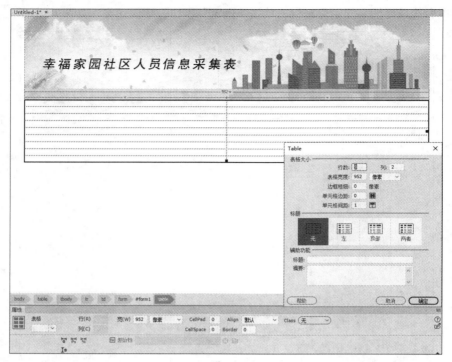

图 9-7

步骤 08 切换至"拆分"视图。选中表格，在"属性"面板中设置参数，调整单元格高度，并调整表格，在表格中输入文本，如图9-8所示。

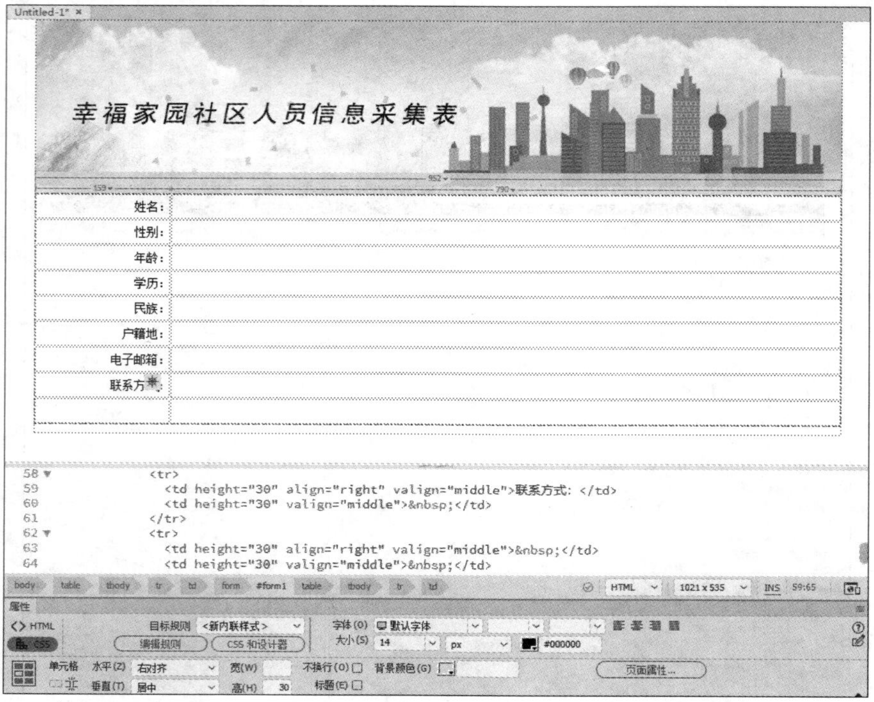

图 9-8

步骤09 移动光标至"姓名:"后的单元格中,执行"窗口"→"插入"命令,打开"插入"面板,选择"表单"中的"文本"按钮,插入文本框,如图9-9所示。

图 9-9

步骤10 删除文本框左侧的内容,选中文本框,在"属性"面板中设置参数,如图9-10所示。

图 9-10

步骤 11 使用相同的方法，在"年龄："、"电子邮箱："和"联系方式："后的单元格中各插入一个文本框，并设置参数，如图9-11所示。

图 9-11

步骤 12 移动光标至"性别："后的单元格中，选择"表单"中的"单选按钮"选项，在页面中设置文字，在"属性"面板中设置参数，如图9-12所示。

图 9-12

步骤 13 使用相同的方法再次插入单选按钮，并设置参数，如图9-13所示。

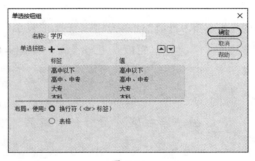

图 9-13

步骤 14 移动光标至"学历"后的单元格中，选择"表单"中的"单选按钮组"选项，打开"单选按钮组"对话框进行设置，如图9-14所示。

步骤 15 设置完成后单击"确定"按钮，插入单选按钮组，如图9-15所示。

图 9-14

图 9-15

步骤16 选中"高中以下"前的单选按钮,在"属性"面板中勾选"Checked"复选框,使其为选中状态,并调整单选按钮为单排,效果如图9-16所示。

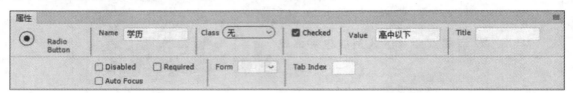

图 9-16

步骤17 移动光标至"民族:"后的单元格中,选择"表单"中的"选择"选项,删除列表前的文本,如图9-17所示。完成后单击"确定"按钮。

步骤18 使用相同的方法,在"户籍地:"后的单元格中插入"选择"列表,单击"属性"面板中的"列表值"按钮,在弹出的"列表值"对话框中设置参数,如图9-18所示。

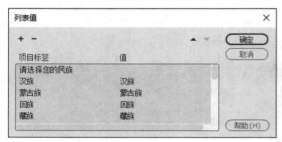

图 9-17

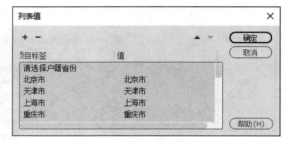

图 9-18

步骤19 移动光标至第9行第2列单元格,选择"表单"中的"'重置'按钮"选项,然后在页面中选中该按钮,在"属性"面板中进行设置,如图9-19所示。

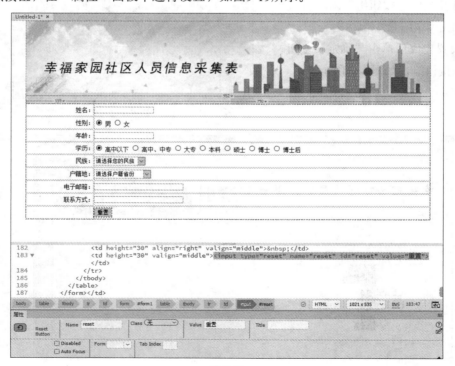

图 9-19

步骤 20 使用相同的方法，在"重置"按钮右侧插入"提交"按钮，如图9-20所示。

图 9-20

步骤 21 保存文件，按F12键在浏览器中预览，效果如图9-21所示。

图 9-21

到这里，就完成了社区人员信息调查表的制作。

边用边学

9.1 使用表单

表单是用户和服务器之间的桥梁，目的是收集用户信息。动态网页中需要交互的内容都需要添加到表单中，由用户填写，然后提交给服务器端脚本程序执行，并将执行的结果以网页形式反馈到用户浏览器。因而学会使用表单是制作动态网页的第一步。

■ 9.1.1 认识表单

表单也称表单域，可以看成一个容器，其中可存储其他对象。例如文本域、密码域、单选按钮、复选框、列表以及提交按钮等，这些对象也被称为表单对象。制作动态网页时，需要首先插入表单，然后在表单中继续插入其他表单对象。如果执行顺序反过来，或没有将表单对象插入到表单中，则数据就不能提交到服务器，这一点是初学者最容易出现问题的。

■ 9.1.2 常见表单

在Dreamweaver中插入表单和表单对象操作很简单。执行"插入"→"表单"命令，在弹出的子菜单中选择要插入的表单对象或表单选项即可。也可执行"窗口"→"插入"命令，将"插入"面板切换到"表单"视图，选择插入的表单对象或表单按钮，图9-22为"插入"面板。

其中，部分表单选项的作用如下：

- **表单**：插入一个表单，其他表单对象必须放在该表单标签之间。
- **文本**：插入一个文本域，用户可以在文本域中输入字母或数字，可以是单行或多行，或者作为密码文本域，将用户输入的密码以"*"字符显示。
- **文本区域**：插入一个多行文本域，接受用户大容量文本信息的录入。
- **复选框**：插入一个复选框，接受用户的选择，可以选中也可以取消选项。
- **复选框组**：插入一组带有复选框的选项，可以同时选中一项或多项，可同时接受用户的多项选择。
- **单选按钮**：插入一个单选按钮，接受用户的选择。

图 9-22

- **单选按钮组**：插入一组单选按钮，同一组内容单选按钮只能有一个被选中，接受用户的唯一选择。
- **选择**：插入一个列表或者菜单，将选择项以列表或菜单的形式显示，方便用户操作。
- **跳转菜单**：单击选项实现页面的跳转，如友情链接等。
- **图像按钮**：可以使用指定的图像作为按钮。
- **文件**：用于获取本地文件或文件夹的路径。
- **按钮**：插入一个按钮，单击该按钮可以执行相应操作。
- **标签**：提供一种在结构上将域的文本标签和该域关联起来的方法。

9.2 基本表单元素

常见的表单元素有文本框、下拉菜单、单选按钮、复选框、"提交"按钮、"重置"按钮等。本节将介绍如何创建基本表单元素。

■ 9.2.1 文本

"文本"可以提供用户输入内容，常用于收集信息，如输入名字、电话等。

打开本章素材文件，移动鼠标光标至"姓名"后的单元格中，单击"插入"面板中的"表单"选项，插入表单，将鼠标光标置于表单内，单击"插入"面板中的"文本"选项，即可插入单行文本框，如图9-23所示。删除文本框左侧的文本，如图9-24所示。

图 9-23

图 9-24

保存文档后，按F12键在浏览器中预览，效果如图9-25所示。

图 9-25

选中Dreamweaver软件中的"文本"元素，可以在"属性"面板中设置其参数，图9-26为其"属性"面板。

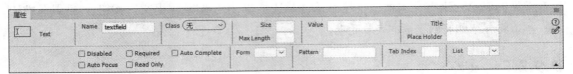

图 9-26

其中，部分选项功能介绍如下：

- **Name**：设置文本框名称。
- **Size**：设置文本框宽度。
- **Max Length**：设置文本框中允许的最多输入的字符数。
- **Value**：设置文本框的初始值。

■ 9.2.2 文本区域

"文本区域"常用于输入较长的文本信息，如备注、简介、收集意见等。"文本区域"的设置方法与"文本"类似，图9-27为其"属性"面板。

图 9-27

■ 9.2.3 密码

"密码"是一种特殊的文本区域，可以输入一些保密信息。当输入文本时，显示为其他符号，从而提高输入信息的安全性。

在网页文档中插入一个"密码"元素，如图9-28所示，保存文档后在浏览器中预览，效果如图9-29所示。

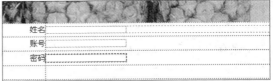

图 9-28

图 9-29

图9-30为"密码"元素的"属性"面板。

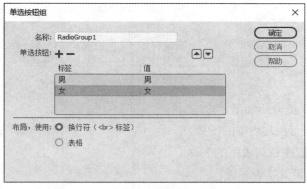

图 9-30

其中，部分选项功能介绍如下：

- **Name**：设置文本框名称。
- **Size**：设置文本框宽度。
- **Max Length**：设置最多允许输入的字符数。

■ 9.2.4 单选按钮和单选按钮组

"单选按钮"一般成组使用，可以使用户在一组选项中选择一个选项。

"单选按钮组"可以在表单中插入一组单选按钮。与"单选按钮"不同的是，"单选按钮组"需要在"属性"面板中的"列表值"中设置列表参数，如图9-31所示。

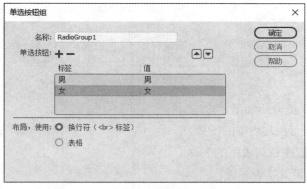

图 9-31

■ 9.2.5 复选框和复选框组

"复选框"可以使用户在一组选项中选择多个选项。"复选框""复选框组"与"单选按钮""单选按钮组"情况类似。图9-32为"复选框组"对话框。

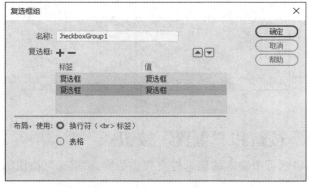

图 9-32

■ 9.2.6 选择

"选择"可以制作下拉列表框，可以在有限的空间中设置多个选项，如图9-33所示。

图 9-33

选中网页文档中的下拉列表，在"属性"面板中设置参数，图9-34为"选择"的"属性"面板。

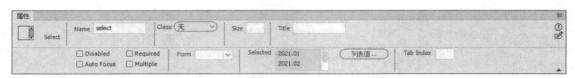

图 9-34

其中，部分选项功能介绍如下：

- **Size**：用于设置下拉列表框的行数。
- **Name**：用于设置下拉列表框的名称。
- **Multiple**：用于设置是否多选。
- **Value**：用于定义下拉列表框中的值。
- **Selected**：用于设置默认选项。
- **列表值**：用于设置下拉列表选项，"列表值"对话框如图9-35所示。

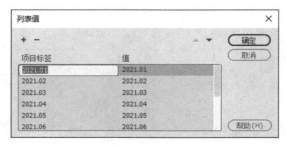

图 9-35

■ 9.2.7 "提交"按钮和"重置"按钮

"提交"按钮可以将网页中输入的信息提交到服务器，"重置"按钮的作用是重新设置表单中输入的信息。

经验之谈 自动完成输入属性

在Dreamweaver软件中添加表单后，选中对象，可以在"属性"面板中找到"Auto Complete"复选框，勾选该复选框，并对List属性进行设置。当用户在网页中再次输入相同的内容时，浏览器会自动完成内容的输入，如图9-36和图9-37所示。

图 9-36

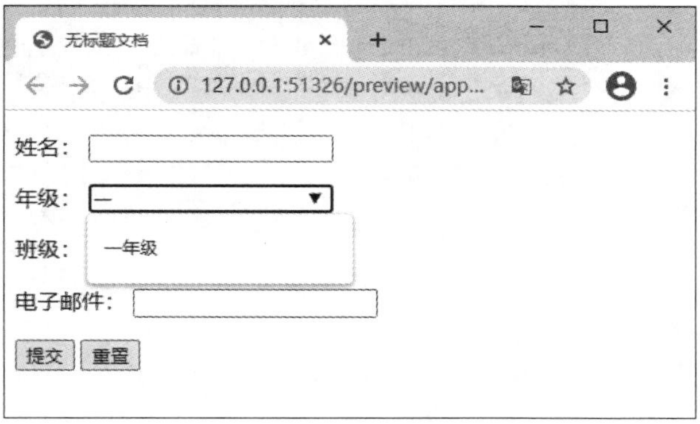

图 9-37

完整代码如下：

```
<!doctype html>
<html>
<head>
<meta charset="utf-8">
<title>无标题文档</title>
</head>

<body>
<p>
    <label for="textfield">姓名:</label>
    <input type="text" name="textfield" id="textfield">
</p>
<p>
    <label for="textfield2">年级:</label>
```

```
    <input name="textfield2" type="text" id="textfield2" list="nianji"
autocomplete="on">
        <datalist id="nianji" style="display:none">
        <option value="一年级">一年级</option>
        <option value="二年级">二年级</option>
        <option value="三年级">三年级</option>
        <option value="四年级">四年级</option>
        <option value="五年级">五年级</option>
        <option value="六年级">六年级</option>
        </datalist>
</p>
<p>
    <label for="textfield3">班级:</label>
    <input type="text" name="textfield3" id="textfield3">
</p>
<p>
    <label for="email">Email:</label>
    <input type="email" name="email" id="email">
</p>
<p>
    <input type="submit" name="submit" id="submit" value="提交">
    <input type="reset" name="reset" id="reset" value="重置">
</p>
</body>
</html>
```

你学会了吗？

上手实操

实操一：制作注册页面

通过表单，可以制作会员注册页面、人员信息维护页面等。本案例将练习制作某购物网站的会员注册页面，图9-38为制作效果。

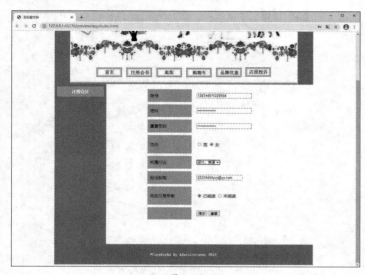

图 9-38

设计要领

● 打开网页文档，插入表单。

● 在表单中插入表格，并设置表格。

● 在表格中输入相应的表单，并设置表单。

● 保存文件，在浏览器中预览效果。

实操二：制作登录界面

结合表格布局，可以使用表单制作更加清晰简洁的登录界面。本案例将练习制作登录界面，图9-39为制作效果。

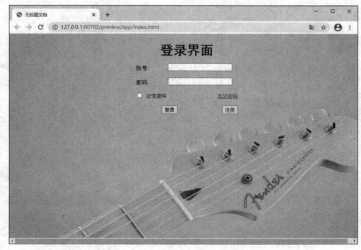

图 9-39

设计要领

● 新建网页文档，设置背景。

● 插入表格，并进行设置。

● 在表格中输入文字，插入表单，并进行设置。

● 保存文件，在浏览器中预览效果。

第10章
网页行为的应用

内容概要

　　行为就是在网页中进行的一系列动作，通过这些动作实现用户与页面的交互。利用行为，网站设计人员不需要书写过多代码就可以实现丰富的动态页面效果，达到用户与页面的交互。本章将介绍Dreamweaver软件中的行为。

知识要点

- 了解行为。
- 学会使用行为。
- 学会设置行为。

数字资源

【本章案例素材来源】："素材文件\第10章"目录下

【本章案例最终文件】："素材文件\第10章\案例精讲"目录下

案例精讲 优化花卉市场网页

案/例/描/述

　　行为是Dreamweaver软件中非常强大的功能，通过使用行为，可以在网页中插入JavaScript程序，提升网页的交互性。本案例将通过为花卉市场网页添加行为，丰富页面效果。

扫码观看视频

案/例/详/解

步骤 01 打开Dreamweaver软件，执行"文件"→"打开"命令，打开本章素材文件，如图10-1所示。

图 10-1

步骤 02 执行"窗口"→"行为"命令，打开"行为"面板。选择合适的图像，单击"行为"面板中的"添加行为" ➕ 按钮，在弹出的快捷菜单中选择"弹出信息"选项，如图10-2所示。

图 10-2

步骤03 弹出"弹出信息"对话框,在该对话框中的"消息"文本框中输入要显示的信息,如图10-3所示。

步骤04 完成后单击"确定"按钮,此时"行为"面板中多出一个事件为onClick的行为,如图10-4所示。

图 10-3

图 10-4

步骤05 选择body标签,单击"行为"面板中的"添加行为" + 按钮,在弹出的快捷菜单中选择"调用JavaScript"命令,打开"调用JavaScript"对话框,在该对话框中输入函数,如图10-5所示。

步骤06 完成后单击"确定"按钮,此时"行为"面板中多出一个事件为onLoad的行为,如图10-6所示。

图 10-5

图 10-6

步骤07 选择body标签,单击"行为"面板中的"添加行为" + 按钮,在弹出的快捷菜单中选择"设置文本"→"设置状态栏文本"选项,打开"设置状态栏文本"对话框,在该对话框中输入内容,如图10-7所示。

步骤08 完成后单击"确定"按钮,此时"行为"面板中多出一个事件为onMouseOver的行为,如图10-8所示。

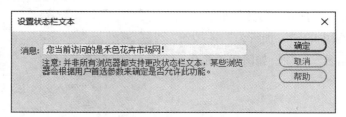

图 10-7

图 10-8

步骤09 选择产品展示下面的图片,在"行为"面板中单击"添加行为" + 按钮,在弹出的快捷菜单中选择"交换图像"命令,打开"交换图像"对话框,在该对话框中单击"浏览"按钮,选择其他的素材图像,如图10-9所示。

步骤10 完成后单击"确定"按钮,此时"行为"面板中会多出两个事件,如图10-10所示。

图 10-9　　　　　　　　　　　　　　　　　　　图 10-10

步骤 11 保存文件，按F12键在浏览器中预览，效果如图10-11和图10-12所示。

图 10-11

图 10-12

到这里，就完成了花卉市场网页的优化。

边用边学

10.1 什么是行为

Dreamweaver中的行为是一系列JavaScript程序的集成。利用行为可以使网页制作人员不用编程就能实现程序动作。它包括两部分：一部分是事件，另一部分是动作。动作是预先设定的、特定的JavaScript程序，只要有事件发生，该程序就会自动运行。在Dreamweaver中使用行为主要是通过"行为"面板来控制。

Dreamweaver 提供了丰富的行为，这些行为的设置为网页对象添加了一些动态效果和简单的交互功能，使那些不熟悉JavaScript的网页设计师也可以方便地设计出通过复杂的JavaScript语言才能实现的功能。如果熟悉JavaScript，还可以编写一些特定的行为来使用。

■ 10.1.1 行为

Dreamweaver 中的行为将JavaScript代码放置在文档中，这样浏览者就可以通过多种方式更改 Web页，或者启动某些任务。行为是某个事件和由该事件触发的动作的组合。在"行为"面板中，可以先指定一个动作，再指定触发该动作的事件，以此将行为添加到页面中。

在将行为附加到某个页面元素之后，每当该元素的某个事件发生时，行为就会调用与这一事件关联的动作（JavaScript代码）。例如，如果将"弹出消息"动作附加到一个链接上，并指定它将由onMouseOver事件触发，则只要某人将指针放在该链接上，就会弹出消息。

- **添加行为按钮**：是一个弹出菜单，其中包含可以附加到当前所选元素的动作。当从该菜单中选择一个动作时，将弹出一个对话框，可以在该对话框中指定该动作的各项参数。
- **删除行为**：从行为列表中删除所选的事件。

动作是一段预先编写好的JavaScript代码，可用于执行诸如以下的任务：打开浏览器窗口、显示或隐藏AP元素、播放声音或停止播放Adobe Shockwave影片等。Dreamweaver中的动作提供了最大程度的跨浏览器兼容性。

每个浏览器都提供一组事件，这些事件可以与"行为"面板中动作菜单列出的动作相关联。当浏览者与网页进行交互时，浏览器生成事件，这些事件可用于调用引起动作发生的JavaScript函数。Deamweaver 提供许多可以使用这些事件触发的常用动作。如果要将行为附加到某个图像，则一些事件显示在括号中，这些事件仅用于链接。在Dreamweaver中可以添加的动作如表10-1和图10-13所示。

表 10-1

动 作	说 明
调用JavaScript	调用JavaScript函数
改变属性	选择对象的属性
拖动AP元素	允许在浏览器中自由拖动AP Div
转到URL	可以转到特定的站点或网页文档上

（续表）

动作	说明
跳转菜单	可以创建若干个链接的跳转菜单
跳转菜单开始	跳转菜单中选定要移动的站点之后，只有单击"GO"按钮才可以移动到链接的站点上
打开浏览器窗口	在新窗口中打开URL
弹出信息	设置的事件发生之后，弹出警告信息
预先载入图像	为了在浏览器中快速显示图片，事先下载图片再显示出来
设置框架文本	在选定的帧上显示指定的内容
设置状态栏文本	在状态栏中显示指定的内容
设置文本域文字	在文本字段区域显示指定的内容
显示-隐藏元素	显示或隐藏特定的AP Div
交换图像	发生设置的事件后，用其他图片来替代选定的图片
恢复交换图像	在运用交换图像动作之后，显示原来的图片
检查表单	在检查表单文档有效性的时候使用

图 10-13

■ 10.1.2 事件

每个表单元素都提供一组事件，这些事件可以与"行为"面板中的"添加行为"动作按钮⊞的弹出菜单中列出的动作相关联。当网页的浏览者与页面进行交互时（例如，单击某个图像），浏览器会生成事件，这些事件可用于调用执行动作的JavaScript函数。Dreamweaver提供多个可通过这些事件触发的常用动作。

根据所选对象和在"显示事件"子菜单中指定的浏览器的不同，"事件"菜单中显示的事件也会有所不同。若要查明对于给定页面元素在给定的浏览器中支持哪些事件，就要在文档中插入该页面元素并向其附加一个行为，然后查看"行为"面板中的"事件"菜单。如果页面中尚不存在相关的对象或所选的对象不能接收事件，则菜单中的事件将处于禁用状态（灰显）。如果未显示所需的事件，则要确保选择了正确的对象，或者在"显示事件"子菜单中更改目标浏览器。

如果要将行为附加到某个图像上，则一些事件（例如onMouseOver）显示在括号中，这些事件仅用于链接。当选择其中之一时，Dreamweaver在图像周围使用<a>标签来定义一个空链接。在属性检查器的"链接"文本框中，该空链接表示为每个浏览器都提供一组事件，如果要将其变为一个指向另一页面的真正链接，可以更改链接值，但是如果删除了JavaScript链接而没有用另一个链接来替换它，则将删除该行为。

■ 10.1.3 常见事件的使用

网页事件分为不同的种类。有的与鼠标有关，有的与键盘有关，如单击鼠标、键盘；有的事件还和网页相关，如网页下载完毕、网页切换等。对于同一个对象，不同版本的浏览器支持的事件种类和多少也是不完全一样的。事件用于指定选定的行为动作在何种情况下发生。

例如，想应用单击图像时跳转到指定网站的行为，则需要把事件指定为单击动作onClick。Dreamweaver提供的事件种类如表10-2所示。

表 10-2

事　件	说　明
onAbort	在浏览器中停止加载网页文档的操作时发生的事件
onMove	移动窗口或框架时发生的事件
onLoad	选定的客体显示在浏览器上时发生的事件
onResize	浏览者改变窗口或框架的大小时发生的事件
onUnLoad	浏览者退出网页文档时发生的事件
onClick	用鼠标单击选定的要素时发生的事件
onBlur	鼠标光标移动到窗口或框架外侧等非激活状态时发生的事件
onDragDrop	拖动选定的要素后放开鼠标左键时发生的事件
onDragStart	拖动选定的要素时发生的事件
onFocus	鼠标光标移到窗口或框架中处于激活状态时发生的事件
onMouseDown	单击鼠标左键时发生的事件
onMouseMove	鼠标光标经过选定的要素上面时发生的事件
onMouseOut	鼠标光标离开选定的要素上面时发生的事件
onMouseOver	鼠标光标在选定的要素上面时发生的事件
onMouseUp	放开按住的鼠标左键时发生的事件
onScroll	浏览者在浏览器中移动了滚动条时发生的事件
onKeyDown	键盘上的某个按键被按下时触发此事件
onKeyPress	键盘上的某个按键被按下并且释放时触发此事件
onKeyUp	放开按下的键盘中的指定键时发生的事件
onAfterUpdate	表单文档的内容被更新时发生的事件
onBeforeUpdate	表单文档的项目发生变化时发生的事件
onChange	浏览者更改表单文档的初始设定值时发生的事件
onReset	把表单文档重新设定为初始值时发生的事件
onSubmit	浏览者传送表单文档时发生的事件
onSelect	浏览者选择文本区域中的内容时发生的事件
onError	加载网页文档的过程中发生错误时发生的事件
onFilterChange	应用到选定要素上的滤镜被更改时发生的事件
onFinish	结束移动文字（Marquee）功能时发生的事件
onStart	开始移动文字（Marquee）功能时发生的事件

在Dreamweaver中，可以为整个页面、表格、链接、图像、表单或其他任何HTML元素增加行为，最后由浏览器决定是否执行这些行为。在页面中添加行为的具体步骤如下：

步骤01 选择一个对象元素，例如单击选中文档窗口底部的页面元素标签<body>。

步骤02 单击"行为"面板中的"添加行为"按钮，在打开的菜单中选择一种行为，如图10-14所示。选择行为后，一般会打开一个参数设置对话框，根据需要完成设置。图10-15为"弹出信息"对话框。

图 10-14   图 10-15

步骤03 单击"确定"按钮，这时在"行为"面板中将显示添加的事件及对应的动作，如图10-16所示。

步骤04 如果要设置其他的触发事件，可以单击事件列表右边的下拉箭头，打开事件下拉菜单，从中选择一个需要的事件，如图10-17所示。

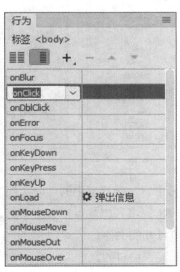

图 10-16   图 10-17

10.2 利用行为调节浏览器窗口

使用"行为"面板可以调节浏览器，如打开浏览器窗口、调用脚本、转到URL等各种效果，下面将讲述其具体应用。

■ 10.2.1 打开浏览器窗口

使用"打开浏览器窗口"行为可在一个新的窗口中打开页面，可以指定新窗口的属性（包括其大小）、特性（它是否可以调整大小、是否具有菜单栏等）和名称。使用此行为可以在浏览者单击缩略图时，在一个单独的窗口中打开一个较大的图像，也可以使新窗口与该图像恰好一样大。

如果不指定该窗口的任何属性，在打开时它的大小和属性将与打开它的窗口相同。指定窗口的任何属性都将自动关闭所有其他未明确打开的属性。例如，如果不为窗口设置任何属性，它将以1024×768像素的大小打开，并具有导航条（显示"后退""前进""主页"和"重新加载"按钮）、地址工具栏（显示URL）、状态栏（位于窗口底部，显示状态消息）和菜单栏（显示"文件""编辑""查看"和其他菜单）。如果明确将宽度设置为640、高度设置为480，但不设置其他属性，则该窗口将以640×480像素的大小打开，并且不具有工具栏。

使用"打开浏览器窗口"动作在一个新的窗口中打开指定的URL，还可以指定新窗口的属性、特征和名称等。创建"打开浏览器窗口"行为的具体操作步骤如下：

步骤 01 选中一个对象，单击"行为"面板中的"添加行为"按钮，在弹出的下拉菜单中选择"打开浏览器窗口"选项，如图10-18所示。在弹出的"打开浏览器窗口"对话框中单击"要显示的URL"文本框右边的"浏览"按钮，如图10-19所示，在弹出的"选择文件"对话框中选择文件，单击"确定"按钮，添加相应的内容。

图 10-18

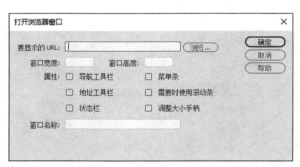

图 10-19

"打开浏览器窗口"对话框中的部分选项功能如下：

- **要显示的URL**：填入浏览器窗口中要打开的链接路径，或者单击"浏览"按钮找到要在浏览器窗口打开的文件。
- **窗口宽度**：设置窗口的宽度。
- **窗口高度**：设置窗口的高度。

- **属性**：设置打开浏览器窗口的一些参数。选中"导航工具栏"即浏览器窗口中包含导航条；选中"菜单条"即浏览器窗口上包含菜单条；选中"地址工具栏"即指在打开浏览器窗口中显示地址栏；选中"需要时使用滚动条"即为如果窗口中内容超出窗口大小，则显示滚动条；选中"状态栏"即指在弹出的窗口中显示滚动条；选中"调整大小手柄"即指可以调整浏览者窗口大小。
- **窗口名称**：给当前窗口命名。

步骤 02 单击"确定"按钮，即可将行为添加到"行为"面板，如图10-20所示。

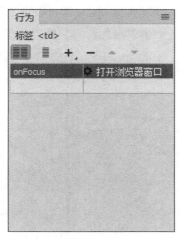

图 10-20

> **⚠ 提示**：认识"行为"面板
>
> "行为"面板的作用是为网页元素添加动作和事件，使网页具有互动的效果。行为实质上是事件和动作的合成体。在"行为"面板中包含4种按钮，即"添加行为"按钮、"删除行为"按钮、"向上移动行为"按钮、"向下移动行为"按钮。

■ 10.2.2 调用脚本

"调用JavaScript"行为是指在事件发生时执行自定义的函数或JavaScript代码。可以自己编写JavaScript代码，也可以使用Web上各种免费的JavaScript库中提供的代码。调用JavaScript动作允许使用"行为"面板指定一个自定义功能，或者执行一段JavaScript代码。

选中文档窗口底部的<body>标签，执行"窗口"→"行为"命令，打开"行为"面板，在"行为"面板中单击"添加行为" ➕按钮，在弹出的菜单中选择"调用JavaScript"命令，弹出"调用JavaScript"对话框，如图10-21所示。

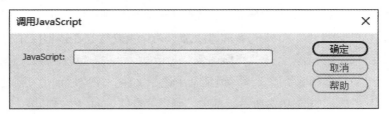

图 10-21

在文本框中输入JavaScript代码，然后单击"确定"按钮，将行为添加到行为面板。

读者可以使用自己编写的JavaScript代码或网络上的免费的JavaScript库中提供的代码。在"JavaScript："文本框中输入要执行的JavaScript代码，或输入函数的名称。

■ 10.2.3　转到 URL

"转到URL"行为可在当前窗口或指定的框架中打开一个新页面。此行为适用于通过一次单击更改两个或多个框架的内容。通常的链接是在单击后跳转到相应的网页文档中，但是"转到URL"动作在当光标放在对象上时或者双击时，都可以设置不同的事件来加以链接。

选中对象，打开"行为"面板单击"添加行为"按钮，在弹出的菜单中选择"转到URL"命令，弹出"转到URL"对话框，如图10-22所示。在其中输入相应的内容后，单击"确定"按钮，会在"行为"面板中设置一个合适的事件。

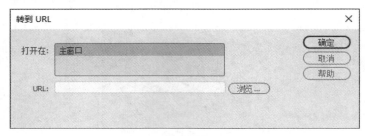

图 10-22

在"转到URL"对话框中部分选项的功能如下：

- **打开在**：选择打开链接的窗口。如果是框架网页，选择打开链接的框架。
- **URL**：输入链接的地址，也可以单击"浏览"按钮在本地硬盘中查找链接的文件。

10.3　利用行为制作图像特效

设计人员利用行为可以使对象产生各种特效。下面介绍"交换图像""恢复交换图像""预载入图像"以及"拖动AP元素"等行为的使用。

■ 10.3.1　交换图像与恢复交换图像

"交换图像"就是当光标经过图像时，原图像会变成另外一张图像。一个交换图像其实是由两张图像组成的：第一图像（页面初始时显示的图像）和交换图像（当光标经过第一图像时显示的图像）。组成图像交换的两张图像必须有相同的尺寸，如果两张图像的尺寸不同，Dreamweaver会自动将第二张图像的尺寸调整为与第一张图像同样的大小。

选中图像，打开"行为"面板，单击"添加行为"＋按钮，在弹出的菜单中选择"交换图像"命令，如图10-23所示。打开"交换图像"对话框，单击"设定原始档为"右侧的"浏览"按钮，在弹出的"选择图像源文件"对话框中选择文件，完成后单击"确定"按钮，返回至"交换图像"对话框，如图10-24所示。单击"确定"按钮，即可完成设置。

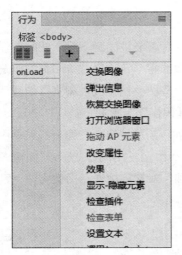

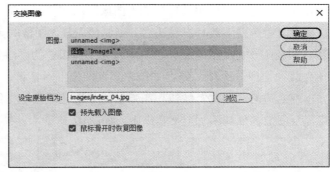

图 10-23   图 10-24

"交换图像"对话框中部分选项的功能如下：

● **图像**：在列表中选择要更改其源文件的图像。

● **设定原始档为**：单击"浏览"按钮，选择新图像文件，文本框中显示选定的新图像的路径和文件名。

● **预先载入图像**：选中该复选框，在载入网页时，新选中图像将载入到浏览器的缓冲中，防止当图像该出现时由于下载而导致的延迟。

利用"鼠标滑开时恢复图像"动作，可以将所有被替换显示的图像恢复为原始图像，一般来说，在设置"交换图像"动作时会自动添加"恢复交换图像"动作，这样当光标离开对象时就会自动恢复原始图像。其具体操作步骤如下：

选中页面中附加了"交换图像"行为的对象。单击"行为"面板中的"添加行为"按钮，并从弹出的菜单中选择"恢复交换图像"选项，如图10-25所示。弹出"恢复交换图像"对话框，如图10-26所示。在该对话框上没有可以设置的选项，直接单击"确定"按钮，即可为对象附加"恢复交换图像"行为。

图 10-25   图 10-26

■ 10.3.2 预先载入图像

一个网页中有时会包含很多图像，但有些图像在网页下载时不能被同时下载，此时若需要显示这些图像，浏览器会再次向服务器发出请求继续下载图像的指令，这样就给网页的浏览造成一定程度的延迟。而使用"预先载入图像"动作就可以把一些图像预先载入浏览器的缓冲区内，这样可以避免在下载时出现延迟。创建预先载入图像的具体操作步骤如下：

步骤 01 选中要附加行为的对象，单击"行为"面板中的"添加行为"按钮，在弹出的菜单中选择"预先载入图像"选项，弹出"预先载入图像"对话框，如图10-27所示。单击"图像源文件"文本框右边的"浏览"按钮，在弹出的"选择图像源文件"对话框中选择图像文件，则文件的路径及图像名称就添加至文本框中，如图10-28所示。

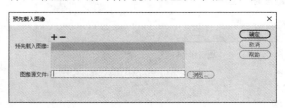
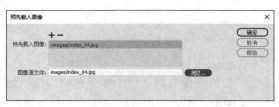

图 10-27 图 10-28

"预先载入图像"对话框中的选项的功能介绍如下：

- **预先载入图像**：在列表中列出所有需要预先载入的图像。
- **图像源文件**：单击"浏览"按钮，选择要预先载入的图像文件，或者在文本框中输入图像的路径和文件名。

步骤 02 单击图10-27中列表上面的添加按钮田，添加图像至列表中。重复该操作，将所有需要预先载入的图像都添加到列表中。若要删除某个图像，在列表中选中该图像，然后单击删除按钮□即可。

■ 10.3.3 拖动 AP 元素

"拖动AP元素"行为可让浏览者拖动绝对定位的AP元素。使用此行为可创建拼板游戏、滑块控件和其他可移动的界面元素。

该行为可以指定以下内容：浏览者可以向哪个方向拖动AP元素（水平、垂直或任意方向）；浏览者应将AP元素拖动到的目标；当AP元素距离目标在一定数目的像素范围内时，是否将AP元素靠齐到目标；当AP元素命中目标时应执行的操作等。因为必须先调用"拖动AP元素"行为，浏览者才能拖动AP元素，所以需先将"拖动AP元素"行为附加到body对象（使用onLoad事件）。

在"行为"面板中单击"添加行为"按钮，在弹出的菜单中选择"拖动AP元素"选项，弹出"拖动 AP 元素"对话框，如图10-29所示。在对话框中进行相应的设置，完成后单击"确定"按钮，将行为添加到"行为"面板，如图10-30所示。

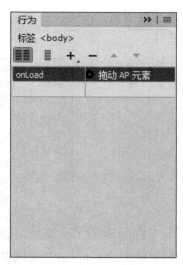

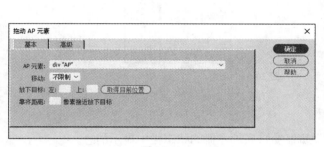

图 10-29　　　　　　　　　　　　　　　　　　　图 10-30

"拖动AP元素"对话框中"基本"选项卡下各选项功能介绍如下：

● **AP元素**：用于设置移动的AP元素。

● **移动**：用于设置AP元素的移动方式，包括"限制"和"不限制"两种。不限制移动适用于拼板游戏和其他拖放游戏；而对于滑块控件和可移动的布景（例如文件抽屉、窗帘和小百叶窗），则选择限制移动。

● **放下目标**：用于限制移动，在"上""下""左"和"右"框中输入值（以像素为单位）。这些值是相对于 AP 元素的起始位置而言的。如果限制在矩形区域中移动，则在所有四个框中都输入正值。若要只允许垂直移动，则在"上"和"下"文本框中输入正值，在"左"和"右"文本框中输入 0。单击"取得目前位置"按钮，可使用 AP 元素的当前位置自动填充这些文本框。

● **靠齐距离**：在该文本框中输入一个值（以像素为单位），以确定浏览者必须将 AP 元素拖到距离拖放目标多近时，才能使 AP 元素靠齐到目标。设置为较大的值可以使浏览者较容易找到拖放目标。

10.4　利用行为显示文本

设计人员利用行为可以添加各种文本特效。下面介绍"弹出信息""设置状态栏文本""设置容器的文本""设置文本域文本"以及"设置框架文本"等行为的使用。

■ 10.4.1　弹出信息

"弹出信息"动作的作用是在特定的事件被触发时弹出信息框，能够给浏览者提供动态的导航功能等，创建"弹出信息"动作的具体操作步骤如下：

单击文档窗口底部的<body>标签，执行"窗口"→"行为"命令，打开"行为"面板，单击"添加行为"按钮，选择"弹出信息"命令，打开"弹出信息"对话框。在对话框中的"消

息"文本框中输入内容，如图10-31所示。最后单击"确定"按钮，将行为添加到"行为"面板。

图 10-31

■ 10.4.2 设置状态栏文本

"设置状态栏文本"动作可以在浏览器窗口底部左侧的状态栏中显示消息。

打开要加入状态栏文本的网页，并且选择左下角的\<body>标签。执行"窗口"→"行为"命令，打开"行为"面板，单击"添加行为"按钮，执行"设置文本"→"设置状态栏文本"命令，打开"设置状态栏文本"对话框。在对话框中的"消息"文本框中输入要在状态栏中显示的文本，如图10-32所示，完成后单击"确定"按钮即可。

图 10-32

■ 10.4.3 设置容器的文本

"设置容器的文本"可以使用用户指定的内容替换网页上现有层的内容和格式设置，具体操作步骤如下：

选中页面中的Div标签内的对象，打开"行为"面板，单击"添加行为"按钮，在打开的列表中选择"设置文本"→"设置容器的文本"选项，打开"设置容器的文本"对话框，如图10-33所示。在打开的"设置容器的文本"对话框中进行设置，完成后单击"确定"按钮，即可添加"设置容器的文本"行为。

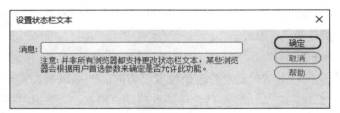

图 10-33

■ 10.4.4　设置文本域文字

使用"设置文本域文字"动作可以设置文本域内输入的文字，具体操作步骤如下：

选择文本域，单击"行为"面板中的"添加行为"按钮，在弹出的菜单中选择"设置文本"→"设置文本域文字"选项，弹出"设置文本域文字"对话框，如图10-34所示。设置"新建文本"后文本框中的文字，完成后单击"确定"按钮，将行为添加到"行为"面板。

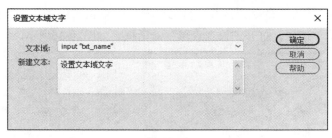

图 10-34

"设置文本域文字"对话框中选项的功能介绍如下：

● **文本域**：选择要设置的文本域。

● **新建文本**：在文本框中输入文本。

10.5　利用行为控制表单

除了可以对文本和图像应用行为外，设计人员还可以对表单应用行为。下面讲述"跳转菜单"和"检查表单"等行为的使用。

■ 10.5.1　"跳转菜单"行为

使用"跳转菜单"动作，可以编辑和重新排列菜单项、更改要跳转到的文件以及编辑文件的窗口等。选中网页文档中表单中的"选择"对象，在"行为"面板中单击"添加行为"按钮，在弹出的菜单中选择"跳转菜单"选项，打开"跳转菜单"对话框，如图10-35所示。在"跳转菜单"对话框中选择一个"菜单项"选项，在"选择时，转到URL"文本框中输入网址，即可设置该行为。

图 10-35

■ 10.5.2 "检查表单"行为

"检查表单"行为可检查指定文本域的内容以确保用户输入的数据类型正确。通过onBlur事件将此行为附加到单独的文本字段，以便用户填写表单时验证这些字段，或通过onSubmit事件将此行为附加到表单中，以便用户单击"提交"按钮时计算多个文本字段。将此行为附加到表单可以防止在提交表单时出现无效数据。

执行"窗口"→"行为"命令，打开"行为"面板，单击"添加行为"按钮，在弹出的菜单中选择"检查表单"选项，打开"检查表单"对话框，如图10-36所示。

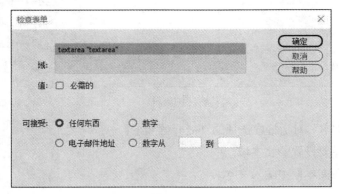

图 10-36

"检查表单"对话框中各选项的功能如下：

● **域**：在文本框中选择要检查的一个文本域。

● **值**：如果该文本必须包含某种数据，则勾选"必需的"复选框。

● **可接受**：包括"任何东西""电子邮件地址""数字"和"数字从"等选项。

经验之谈 "跳转菜单开始"行为

"跳转菜单开始"行为与"跳转菜单"行为关联密切,"跳转菜单开始"行为可以将一个按钮和一个跳转菜单关联起来,当单击按钮时打开在该跳转菜单中选择的链接。一般来说,设置"跳转菜单"行为的对象不需要这样一个执行按钮,直接从跳转菜单中选择一个选项就会触发URL的载入,不需要任何进一步的其他操作。但是,如果访问者选择了跳转菜单中"当前被选中"的选项,则不会发生跳转。

打开Dreamweaver软件,打开本章素材文件,选中"转到"按钮,在"行为"面板中单击"添加行为"＋按钮,在弹出的快捷菜单中选择"跳转菜单开始"选项,打开"跳转菜单开始"对话框,并进行设置,如图10-37所示。完成后单击"确定"按钮,在"行为"面板中添加"跳转菜单开始"行为,如图10-38所示。

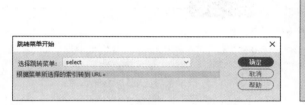

图 10-37

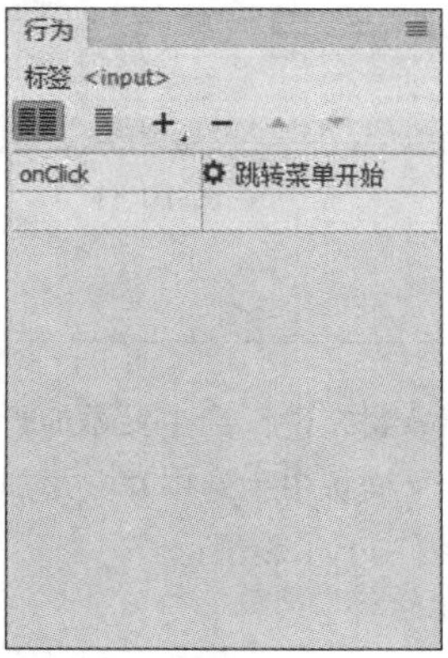

图 10-38

保存文件,按F12键在浏览器中预览,效果如图10-39所示,在下拉列表中选择一个选项,单击"转到"按钮,效果如图10-40所示。

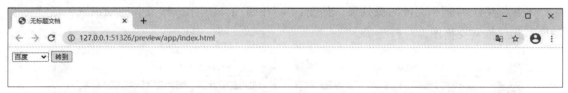

图 10-39

图 10-40

上手实操

实操一：制作网页弹出信息

本案例将练习制作网页弹出信息效果，如图10-41和图10-42所示。涉及到的知识点包括"弹出信息"行为的添加和设置。

图 10-41

图 10-42

设计要领

- 打开本章素材文件，选中要添加行为的对象。
- 在"行为"面板中为选中对象添加行为并设置。
- 保存文件，按F12键预览。

实操二：制作交换图像效果

本案例将练习制作交换图像效果，如图10-43和图10-44所示。涉及到的知识点包括"交换图像"和"恢复交换图像"行为等。

图 10-43

图 10-44

设计要领

- 打开本章素材文件，选中要添加行为的对象。
- 在"行为"面板中为选中对象添加行为并设置。
- 保存文件，按F12键预览。

第**11**章
网页模板和库的应用

内容概要

　　在设计网站时，网页风格往往是非常统一的，为了实现这一目的，可以采用软件中的模板和库功能，从而简化操作流程。由于模板和库特有的优势，使得采用模板和库快速开发网站已经成为网页制作人员的主要手段。

知识要点

- 创建模板。
- 管理和使用模板。
- 创建和使用库项目。

数字资源

【本章案例素材来源】："素材文件\第11章"目录下

【本章案例最终文件】："素材文件\第11章\案例精讲"目录下

案例精讲 制作室内设计网页

案 / 例 / 描 / 述

模板对于网站设计人员来说是一种非常省时省力的工具，本案例将通过建立网页案例，来介绍如何创建并应用模板。

扫码观看视频

案 / 例 / 详 / 解

步骤 01 打开Dreamweaver软件，新建网页文档，如图11-1所示。执行"文件"→"保存"命令保存文档至合适的位置。

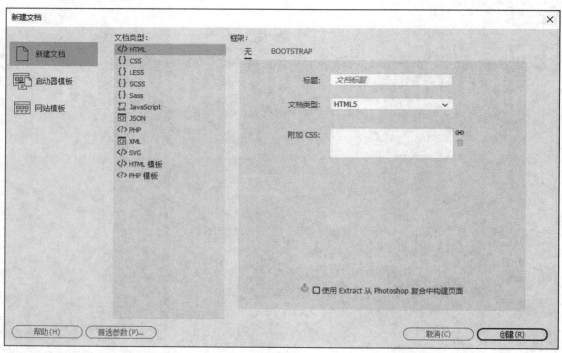

图 11-1

步骤 02 执行"插入"→"Table"命令，打开"Table"对话框，对参数进行设置，如图11-2所示。完成后单击"确定"按钮，插入一个4行1列的表格。

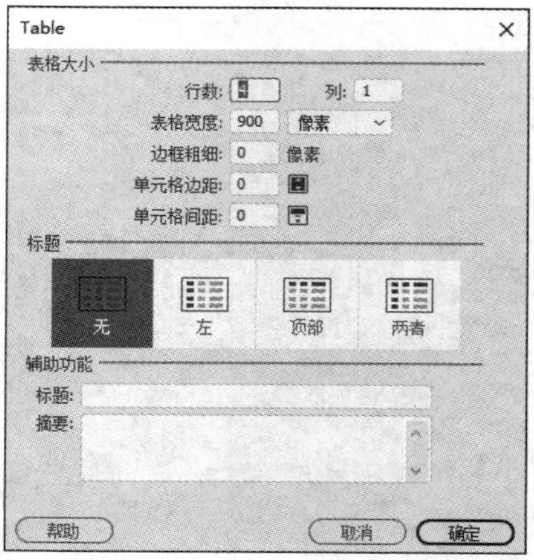

图 11-2

步骤 03 移动鼠标光标至第1行单元格，执行"插入"→"Image"命令，打开"选择图像源文件"对话框，选择合适的图像插入到网页文档中，如图11-3所示。

图 11-3

步骤 04 使用相同的方法，在第2行单元格中插入图像，效果如图11-4所示。

图 11-4

步骤05 移动鼠标光标至第3行单元格，右击鼠标，在弹出的快捷菜单中选择"表格"→"拆分单元格"命令，在弹出的"拆分单元格"对话框中进行设置，将该单元格拆分为2列，如图11-5所示。

步骤06 使用相同的方法，将第3行第1个单元格拆分成6行，如图11-6所示。

图 11-5

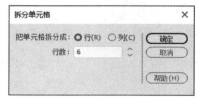
图 11-6

步骤07 调整单元格尺寸，效果如图11-7所示。

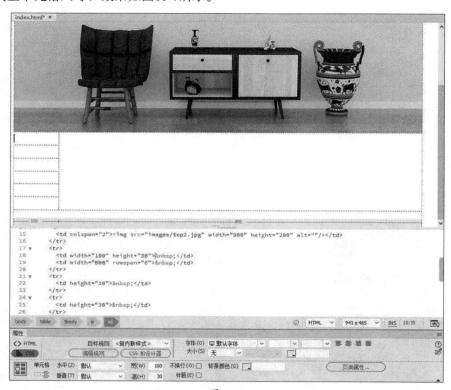
图 11-7

步骤08 移动鼠标光标至第3行第1列单元格，执行"插入"→"HTML"→"鼠标经过图像"命令，打开"插入鼠标经过图像"对话框进行设置，如图11-8所示。

图 11-8

步骤 09 使用相同的方法,在第3行左侧单元格中插入鼠标经过图像,效果如图11-9所示。

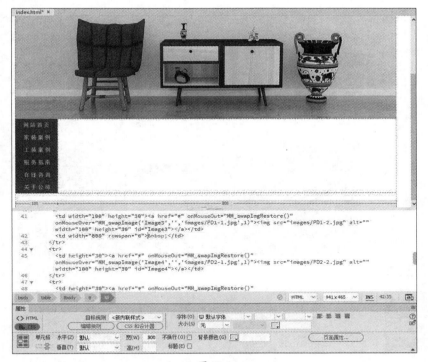

图 11-9

步骤 10 移动光标至最底端单元格,执行"插入"→"Image"命令,打开"选择图像源文件"对话框,选择合适的图像插入到网页文档中,如图11-10所示。

图 11-10

步骤11 保存文件，按F12键在浏览器中预览，效果如图11-11所示。

图 11-11

步骤12 执行"文件"→"另存为模板"命令，打开"另存模板"对话框，在该对话框中设置参数，如图11-12所示。完成后单击"保存"按钮，在弹出的"Dreamweaver"对话框中单击"是"按钮，即存为模板。

步骤13 选中文档中第3行右侧的表格，执行"插入"→"模板"→"可编辑区域"命令，打开"新建可编辑区域"对话框，并进行设置，如图11-13所示。

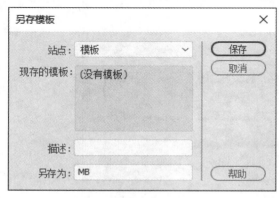

图 11-12

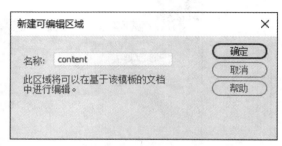

图 11-13

❗ **提示**：新建一个站点
在本步骤之前，需要在该网页文件中新建一个站点。

步骤 14 完成后单击"确定"按钮，新建可编辑区域，如图11-14所示。再次保存模板文件。

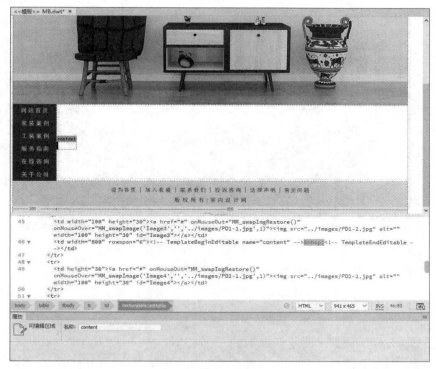

图 11-14

步骤 15 执行"文件"→"新建"命令，新建网页文档，并保存，如图11-15所示。

图 11-15

步骤 16 执行"窗口"→"资源"命令，打开"资源"面板，单击"模板" 按钮，显示"模板"列表，如图11-16所示。

图 11-16

步骤 17 选中"模板"文件，单击"应用"按钮，此时，新建的网页文档就应用了模板，网页显示如图11-17所示。

图 11-17

步骤 18 在页面可编辑区域输入相应的文本信息，如图11-18所示。

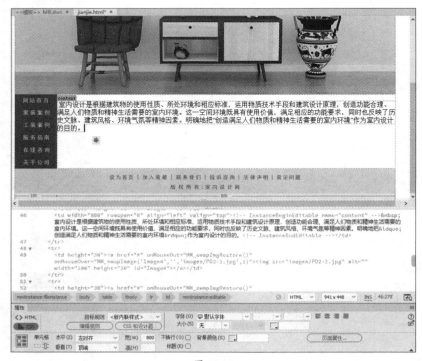

图 11-18

步骤 **19** 保存文件，按F12键预览，效果如图11-19所示。

图 11-19

至此，就完成网页模板的创建与应用。

你学会了吗？

边用边学

11.1　创建模板

　　模板可以帮助网站设计人员快速制作网页，从而提高工作效率。在Dreamweaver软件中，用户可以根据需要创建和应用模板，下面将介绍创建模板的几种方式。

■ 11.1.1　创建空模板

　　首先介绍创建空模板的方法：

1. 利用"插入"面板

　　新建空白文档，执行"窗口"→"插入"命令，打开"插入"面板，单击HTML右侧的小三角按钮 ∨，选择"模板"选项，在下拉列表中切换至"模板"选项，单击"创建模板"按钮，在弹出的"另存模板"对话框中进行设置，如图11-20所示。单击"保存"按钮，即可将空白文档转换为模板文档，如图11-21所示。

图 11-20　　　　　　　　　　　　　　　　　　图 11-21

　　创建模板后，Dreamweaver软件将自动把模板存储在站点的本地根目录下的"Templates"子文件夹中，文件扩展名为".dwt"。若不存在该文件夹，在存储新模板时会自动生成此文件夹，如图11-22所示。

图 11-22

2. 利用"资源"面板

除了通过"插入"面板创建空模板外，用户还可以通过"资源"面板创建模板。

新建空白文档，执行"窗口"→"资源"命令，打开"资源"面板，单击"模板" 按钮，显示"模板"列表，如图11-23所示。单击"资源"面板底部的"新建模板" 按钮，即可在列表中添加新的空模板，如图11-24所示。

 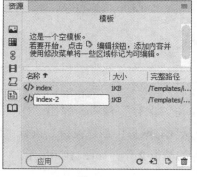

图 11-23 图 11-24

也可以在"资源"面板空白处右击鼠标，在弹出的快捷菜单中选择"新建模板"命令，如图11-25所示，即可在列表中添加新的空模板，如图11-26所示。

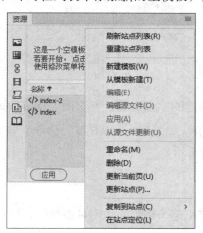 

图 11-25 图 11-26

> **提示：编辑"模板"文档**
> 选中"资源"面板中的模板，单击底部的"编辑"按钮，可以打开模板文档进行编辑。

■ 11.1.2 从现有网页创建模板

除了创建空模板外，对于网站设计人员来说，更简单的是从现有页面创建模板。从现有网页中创建模板可以简化网站制作步骤，节约大量时间，将网站设计人员从烦琐、重复的劳动中解放出来，将更多时间用在设计合理布局、美化页面上。

打开要被创建为模板的网页，执行"文件"→"另存为模板"命令，打开"另存模板"对话框，如图11-27所示。选择存储站点，在"另存为"文本框中输入模板名称，如图11-28所示。

图 11-27   图 11-28

完成后单击"保存"按钮，弹出"Dreamweaver"提示对话框，如图11-29所示，单击"是"，即可从现有网页中创建模板。执行"窗口"→"文件"命令，在打开的"文件"面板中可以看到保存的模板文件，如图11-30所示。

图 11-29   图 11-30

Dreamweaver模板是动态的，即通过模板创建的站点内的所有页面，Dreamweaver都会使它们之间保持联系，当在页面的动态区域内添加或更改内容并保存时，Dreamweaver会自动把这些更改传递给所有的子页面，从而使它们保持更新。

■ 11.1.3 创建和取消可编辑区域

在创建模板后，软件会默认将模板所有内容标记为锁定的、不可编辑的，用户可以通过创建可编辑区域，来消除这种影响。

1. 创建可编辑区域

选择要设置为可编辑区域的文本或内容，也可以将插入点放在要插入可编辑区域的地方，执行"插入"→"模板"→"可编辑区域"命令或单击"插入"面板中"模板"选项下的"可编辑区域"按钮，打开"新建可编辑区域"对话框，在"名称"文本框中输入唯一的名称，如图11-31所示。

图 11-31

完成后单击"确定"按钮,创建可编辑区域,效果如图11-32所示。

图 11-32

> **⚠ 提示:可编辑区域的注意事项**
> ①不要在"名称"文本框中使用特殊字符。
> ②不能为同一模板中的多个可编辑区域使用相同的名称。
> ③可以将整个表格或单独的表格单元格标记为可编辑的,但不能将多个表格单元格标记为单个可编辑区域。如果选定<td>标签,则可编辑区域中包括单元格周围的区域;如果未选定,则可编辑区域将只影响单元格中的内容。
> ④层和层的内容是单独的元素。当层可编辑时可以更改层的位置及其内容,而当层的内容可编辑时只能更改层的内容而不能更改其位置。
> ⑤在普通网页文档中插入一个可编辑区域,Dreamweaver会警告该文档将自动另存为模板。
> ⑥可编辑区域不能嵌套插入。

2. 取消可编辑区域

若想取消已创建的可编辑区域,可以选中可编辑区域,执行"工具"→"模板"→"删除模板标记"命令,即可取消可编辑区域的标记。

11.2 管理和使用模板

模板创建成功后,网站设计人员就可以对模板文件进行管理操作,如应用模板、分离模板、创建嵌套模板等。本节将介绍如何管理和使用模板。

■ 11.2.1 应用模板

模板创建后,就可以创建应用该模板的网页。创建模板的内容页,该页面将会具有模板中预先定义的布局结构。

打开Dreamweaver软件,执行"文件"→"新建"命令,弹出"新建文档"对话框,在该对话框中选择"网站模板"选项卡中站点内的模板,如图11-33所示。单击"创建"按钮,即可创建一个基于模板的网页文档,如图11-34所示。

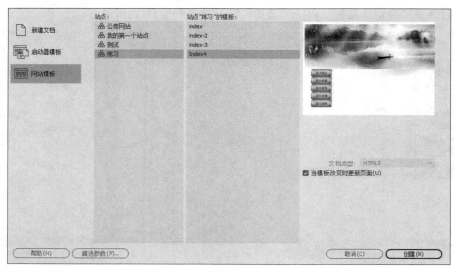

图 11-33

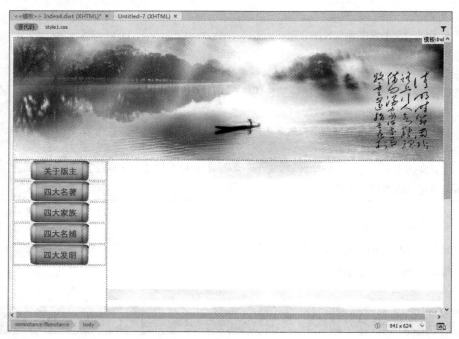

图 11-34

■ 11.2.2 从模板中分离

　　将模板应用到网页中时，只有定义为可编辑的区域内容可以修改，其他区域是锁定的，不能修改和编辑。若要更改锁定区域，必须修改模板文件，这就需要将网页从模板中分离。

　　执行"工具"→"模板"→"从模板中分离"命令，即可将当前网页从模板中分离，网页中所有模板代码将被删除，如图11-35所示。

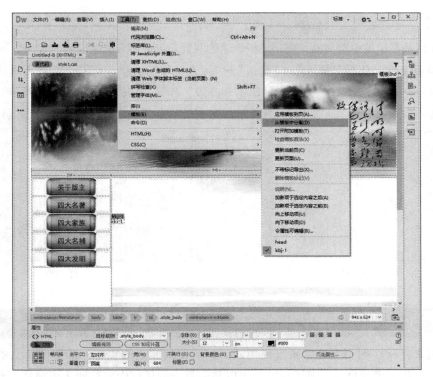

图 11-35

■ 11.2.3　更新模板文件

对模板进行修改之后，需要对使用该模板的网页进行更新。

打开软件，新建启动器模板文件，执行"工具"→"模板"→"更新页面"命令，打开"更新页面"对话框，如图11-36所示。

图 11-36

该对话框中各选项的作用如下：

● **查看**：用于设置更新的范围。

● **更新**：用于设置更新的级别。

● **显示记录**：用于显示更新的文件记录。

■ 11.2.4　创建可选区域

可选区域是在模板中定义的，使用模板创建的网页，可选择可选区域的内容为显示或不显示。

打开模板文件，执行"插入"→"模板"→"可选区域"命令，打开"新建可选区域"对话框，为可选区域命名，如图11-37所示。单击"高级"标签，切换到"高级"选项卡。在该选项卡中可对各项参数进行设置，如图11-38所示。完成后单击"确定"按钮，即可创建可选区域。

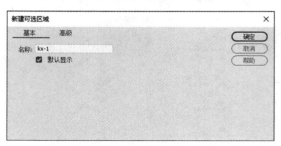

图 11-37　　　　　　　　　　　　　　　　　图 11-38

11.3　创建和使用库

库是用来存储在网页上经常重复使用或更新的页面元素的集合，如图像、文本或其他对象，这些元素称为库项目。一般情况下，可以将网页上的任何内容存储为库项目。对库项目进行更改，会自动更新所有使用该库项目的网页，避免了频繁手动更新带来的不便。

■ 11.3.1　创建库项目

库项目可以包含文档<body>部分中的任意元素，在Dreamweaver软件中，<body>部分中的任意元素都可创建为库项目，也可以创建一个空白库项目。

1. 基于选定内容创建库项目

打开网页文档，选中要创建为库项目的网页元素，执行"窗口"→"资源"命令，打开"资源"面板，单击左侧的"库" 📖 按钮，进入"资源"面板，单击"资源"面板底部的"新建库项目" 🔖 按钮，即可基于选定对象创建库项目，如图11-39和图11-40所示。

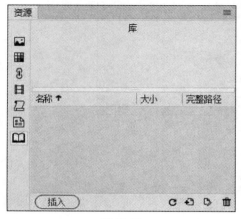
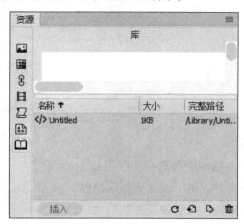

图 11-39　　　　　　　　　　　　　　　　　图 11-40

2. 创建空白库项目

创建空白库项目的方法与基于选定对象创建库项目的方法类似。打开网页文档，不选中任何对象，单击"资源"面板底部的"新建库项目" 按钮，即可创建空白库项目，如图11-41和图11-42所示。

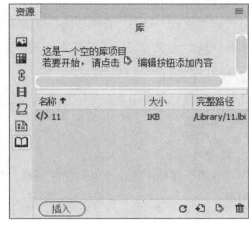

图 11-41	图 11-42

■ 11.3.2 插入库项目

库项目创建成功，就可以在网页中插入使用。

新建网页文档，将光标移动至需要插入库项目的位置。执行"窗口"→"资源"命令，打开"资源"面板，选择要使用的库文件，如图11-43所示。单击"资源"面板中的"插入"按钮，即可将库项目插入到网页中，如图11-44所示。

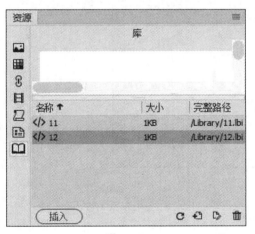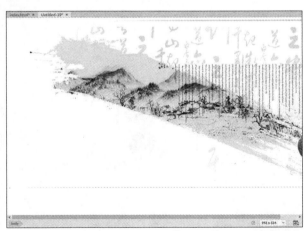

图 11-43	图 11-44

■ 11.3.3 编辑和更新库项目

修改库项目时，会更新使用该库项目的所有文档，若选择不更新，文档将保持与库项目的关联，以便以后的更新。

1. 重命名库项目

打开网页文档，双击"资源"面板中需要重命名的库项目的名称，使文本可修改，然后输入新名称，按Enter键确定，即可重命名库项目。

2. 删除库项目

选中"资源"面板中要删除的库项目，单击底部的"删除" 🗑 按钮或按Delete键，即可删除选中的库项目。

3. 修改库项目

在"资源"面板中选中要修改的库项目，双击或按底部的"编辑"按钮，即可根据需要修改库项目。

4. 更新库项目

若需要用库项目的最新版本更新整个站点或更新插入该库项目的所有网页，可以执行"工具"→"库"→"更新页面"命令，打开"更新页面"对话框，在该对话框中进行设置，更新库项目，如图11-45所示。

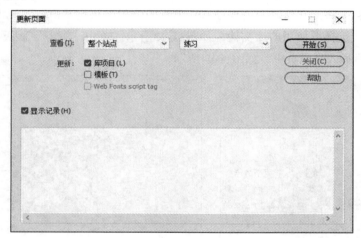

图 11-45

经验之谈 巧用"资源"面板

除了本章节中介绍的"库"和"模板","资源"面板中还包括图像、颜色、URLs、媒体和脚本5种选项，图11-46为打开的"资源"面板。

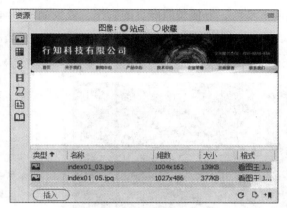

图 11-46

"资源"面板提供了"站点"和"收藏"两种查看资源的方式，"站点"列表显示站点的所有资源，"收藏"列表仅显示用户曾明确选择过的资源。"资源"面板中各按钮的功能如下：

- **图像**：显示GIF、JPEG或PNG格式的图像文件。
- **颜色**：显示站点的文档和样式表中使用的颜色，包括文本颜色、背景颜色和链接颜色。
- **链接**：显示当前站点文档中的外部链接，包括FTP、Gopher、HTTP、HTTPS、JavaScript、电子邮件（mailto）和本地文件（file://）类型的链接。
- **媒体**：显示任意版本的"* .quicktime"文件、"*.mpeg"文件或"*.swf"文件，不显示Flash源文件。
- **脚本**：显示独立的JavaScript 或VBScript文件。
- **模板**：显示模板文件，方便用户在多个页面上重复使用同一页面布局。
- **库**：显示定义的库项目。

上手实操

实操一：创建网页模板

本案例将练习创建网页模板，方便类似网页的制作，效果如图11-47所示。涉及到的知识点包括从现有网页中创建模板、创建可编辑区域等。

图 11-47

设计要领

- 新建网页文档，新建站点，插入表格与图像。
- 创建超链接，新建CSS样式，并进行设置。
- 另存为模板，创建可编辑区域。
- 保存模板文件。

实操二：创建库项目

本案例将练习创建库项目，如图11-48所示。涉及到的知识点包括"资源"面板的设置、库项目的创建等。

图 11-48

设计要领

- 打开网页文档，选中网页文档中的图像。
- 打开"资源"面板，基于选定对象新建库项目。

附录 Adobe Dreamweaver CC常用快捷键汇总※

在使用Dreamweaver CC应用程序时，读者可以使用其默认快捷键（如下表所示），若按键与其他软件发生冲突，也可以对其进行自定义设置。

1. 代码编写

功能描述	组合键	功能描述	组合键
快速编辑	Ctrl+E	跳转至定义（JS文件）	Ctrl+J
快捷文档	Ctrl+K	选择右侧单词	Ctrl+Shift+右箭头键
在上方打开/添加行	Ctrl+Shift+Enter	选择左侧单词	Ctrl+Shift+左箭头键
显示参数提示	Ctrl+,	移动到文件开头	Ctrl+Home
多光标列/矩形选择	按住Alt键单击并拖动	移动到文件结尾	Ctrl+End
多光标不连续选择	按住Ctrl键并单击	选择到文件开始	Ctrl+Shift+Home
显示代码提示	Ctrl+空格键	选择到文件结尾	Ctrl+Shift+End
选择子项	Ctrl+]	转到源代码	Ctrl+Alt+`
转到行	Ctrl+G	全屏	不适用
选择父标签	Ctrl+[	关闭窗口	Ctrl+W
折叠所选内容	Ctrl+Shift+C	退出应用程序	Ctrl+Q
折叠所选内容外部的内容	Ctrl+Alt+C	快速标签编辑器	Ctrl+T
展开所选内容	Ctrl+Shift+E	转到下一单词	Ctrl+右箭头键
折叠整个标签	Ctrl+Shift+J	转到上一单词	Ctrl+左箭头键
折叠完整标签外部的内容	Ctrl+Alt+J	转到上一段落（设计视图）	Ctrl+上箭头键
全部展开	Ctrl+Alt+E	转到下一段落（设计视图）	Ctrl+下箭头键
缩进代码	Ctrl+Shift+>	选择到下一单词为止	Ctrl+Shift+右箭头键
减少代码缩进	Ctrl+Shift+<	从上一单词开始选择	Ctrl+Shift+左箭头键
平衡大括号	Ctrl+'	从上一段落开始选择	Ctrl+Shift+上箭头键
代码导航器	Ctrl+Alt+N	选择到下一段落为止	Ctrl+Shift+下箭头键
删除左侧单词	Ctrl+Backspace	移到下一个属性窗格	Ctrl+Alt+向下翻页键
删除右侧单词	Ctrl+Delete	移到上一个属性窗格	Ctrl+Alt+向上翻页键
选择上一行	Shift+上箭头键	在同一窗口新建	Ctrl+Shift+N
选择下一行	Shift+下箭头键	退出段落	Ctrl+Return
选择左侧字符	Shift+左箭头键	下一文档	Ctrl+Tab
选择右侧字符	Shift+右箭头键	上一文档	Ctrl+Shift+Tab
选择到上页	Shift+向上翻页键	用#环绕	Ctrl+Shift+3
选择到下页	Shift+向下翻页键		
左移单词	Ctrl+左箭头键		
右移单词	Ctrl+右箭头键		
移动到当前行的开始处	Alt+左箭头键		
移动到当前行的结尾处	Alt+右箭头键		
切换行注释	Ctrl+/		
切换块注释（用于PHP和JS文件）	Ctrl+Shift+/		
复制行选区	Ctrl+D		
删除行	Ctrl+Shift+D		

2. 重构

功能描述	组合键
重命名	Ctrl+Alt+R
提取到变量	Ctrl+Alt+V
提取到函数	Ctrl+Alt+M

※ 此快捷键为软件默认的快捷按键，读者可以根据自身的使用习惯进行自定义设置。

3. 文件面板

功能描述	组合键
新建文件	Ctrl+Shift+N
新建文件夹	Ctrl+Alt+Shift+N

4. 查找和替换

功能描述	组合键
在当前文档中查找	Ctrl+F
在文件中查找和替换	Ctrl+Shift+F
在当前文档中替换	Ctrl+H
查找下一个	F3
查找上一个	Shift+F3
查找全部并选择	Ctrl+Shift+F3
将下一个匹配项添加到选区	Ctrl+R
跳过并将下一个匹配项添加到选区	Ctrl+Alt+R

5. 插入

功能描述	组合键
插入图像	Ctrl+Alt+I
插入HTML5视频	Ctrl+Alt+Shift+V
插入动画合成	Ctrl+Alt+Shift+E
插入Flash SWF	Ctrl+Alt+F
插入换行符	Shift+回车键
不换行空格( )	Ctrl+Shift+空格键

6. CSS快捷键

功能描述	组合键
编译CSS预处理器	F9
添加CSS选择器或对焦的面板属性	Ctrl+Alt+Shift+=
添加CSS选择器	Ctrl+Alt+S
添加CSS属性	Ctrl+Alt+P

7. 参考线、网格和标尺（在设计视图中）

功能描述	组合键
显示参考线	Ctrl+;
锁定参考线	Ctrl+Alt+;
与参考线对齐	Ctrl+Shift+;
参考线与元素对齐	Ctrl+Shift+G
显示网格	Ctrl+Alt+G
与网格对齐	Ctrl+Alt+Shift+G
显示标尺	Ctrl+Alt+R

8. 预览

功能描述	组合键
在主浏览器中实时预览	F12
在副浏览器中预览	Shift+F12

9. 视图特有的快捷键

功能描述	组合键
冻结JavaScript（实时视图）	F6
隐藏"实时视图"显示	Ctrl+Alt+H
切换视图	Ctrl+`
检查（实时视图）	Alt+Shift+F11
隐藏所有可视化助理（设计视图）	Ctrl+Shift+I
在设计视图和实时视图之间切换	Ctrl+Shift+F11

10. Windows快捷键

功能描述	组合键
首选项	Ctrl+U
显示面板	F4
行为	Shift+F4
代码检查器	F10
CSS设计器	Shift+F11
DOM	Ctrl+F7
文件	F8
插入	Ctrl+F2
属性	Ctrl+F3
输出	Shift+F6
搜索	F7
代码段	Shift+F9
Dreamweaver联机帮助	F1

11. 文本

功能描述	组合键
缩进	Ctrl+Alt+]
减少缩进	Ctrl+Alt+[
粗体	Ctrl+B
斜体	Ctrl+I
拼写检查	Shift+F7
删除链接	Ctrl+Shift+L

12. 缩放

功能描述	组合键
放大（设计视图和实时视图）	Ctrl+=
缩小（设计视图和实时视图）	Ctrl+-
100%	Ctrl+0
50%	Ctrl+Alt+5
200%	Ctrl+Alt+2
300%	Ctrl+Alt+3
适合选区	Ctrl+Alt+0
适合全部	Ctrl+Shift+0
适合宽度	Ctrl+Alt+Shift+0
增加字体大小	Ctrl++
减小字体大小	Ctrl+-
恢复字体大小	Ctrl+0

13. 表格

功能描述	组合键
插入表格	Ctrl+Alt+T
合并单元格	Ctrl+Alt+M
拆分单元格	Ctrl+Alt+Shift+T
插入行	Ctrl+M
插入列	Ctrl+Shift+A
删除行	Ctrl+Shift+M
删除列	Ctrl+Shift+-
增加列跨度	Ctrl+Shift+]
减少列跨度	Ctrl+Shift+[

14. 站点管理

功能描述	组合键
获取文件	Ctrl+Alt+D
签出文件	Ctrl+Alt+Shift+D
放置文件	Ctrl+Shift+U
签入文件	Ctrl+Alt+Shift+U
检查整个站点的链接	Ctrl+F8
显示页面标题	Ctrl+Shift+T